INTEGRATED
MEDIA
DESIGN

整合媒体设计

数字媒体时代的信息设计

黄海燕　刘月林　著

中国建筑工业出版社

前言

本书的想法最初源于对媒体与设计的思考。如果不经意地速写生活图景，我们将发现，一场媒体的变革早已发生在每个人的身边：当人们在空闲时各自低头摆弄着手机，那个袖珍的移动设备颠覆了传统的联络、娱乐、社交和获取信息的方式；当多年的好友见面时询问的不是门牌号码，而是各自的微博、微信、QQ，这些地址重新定义了传统的空间位置的概念，让我们的身体得以在多个的虚拟空间地址中游牧；当沉浸式虚拟交互投影取代了印刷书本，网站成了批改作业的地方，知识点的学习融入教育游戏，这些交互教学和传统教学相结合的方式让课堂充满了轻松、自在与参与的氛围；当一个三岁的孩子熟练地操作着平板电脑，通过录制自己的声音、绘制场景、编排素材来创作并分享自己的童话故事，我们知道下一代将彻底成长于数字化的生活。这一切改变是那样的真切和悄无声息。

我们生活的时代，有着众多的称谓：信息时代、后工业时代、非物质社会、全媒体时代、数字媒体时代。要给这个时代贴上一个准确的标签是困难的。传统媒体和数字化媒体共同构建了人们的生存和生活方式。信息成为一个重要的消费品，人们的日常生活为各种层出不穷的电子设备、形形色色的应用程序所包围，社交网络前所未有地重构了我们每个人的世界。信息的聚合传递、数据的实时更新、资讯的无处不在、移动通信的普及、互联网的全面覆盖，无不加速着时代的转型。我们塑造媒体的同时，媒体又塑造了我们。我们因媒体的改变而形成新的感知习惯、思维观念、生活方式和新的社会价值取向，我们又将这些观念和取向投入新一轮的媒体创造过程之中。我们依赖媒体来获得资讯、完成任务、传递思想、交流情感；我们依赖媒体来满足自身个体性的和社会性的需求；我们也依赖媒体获得社会对个体和个体对社会的认同。

信息的高度分散与混乱创造着更大的复杂性，人们利用信息的针对性和高度选择性对信息的设计提出了更高的要求。设计者能否提交一份合理的设计方案，关键在于对今天的媒体是否具有一个清晰的认识。从传统媒体演变至数字媒体的过程来看，媒体整合已成为一个必然的社会趋势。这必将促使设计领域探索当下信息设计理论的建构和实践应用的问题。虽然，近十多年来关于数字媒体的相关设计议题的论述已经很多，但是从媒体整合的角度来看，设计的理论与方法却相对缺乏。另外，信息设计的跨学科交叉性也使研究变得更为复杂。整合媒体是一种设计思路，它将为今天的设计师提供一种解决问题的方法和途径。本书从信息设计的任务出发，依据媒体的可视化属性、叙事属性、交互属性和社会属性，将数字媒体分为四种不同的媒体类别：静态媒体、时间性媒体、交互媒体和社会媒体，对各大类别分别进行媒体形式的梳理；然后以设计理论分析、设计案例研究和设计实践探索相结合的方式，对每种媒体类别的特点进行了深入分析，解析各类媒体设计的方法，建构一个整合媒体的理论方法体系；提出整合信息、连接信息并保持核心信息和媒体之间的连贯，才能持久地连接用户；整合媒体，选择、组合、重构、创造媒体，以有效的媒体形式，重塑社会环境和关系，从而实现信息在传播和交互过程中的效用。

希望本书对设计学、传播学、广告学、建筑学的学生，以及数字媒体、信息设计、交互设计、工业设计的专业人士有所启示。

目录

4 交互媒体——情感与体验

5 社会媒体——价值与认同

1 数字媒体与形式

1.1 关于媒体设计的三个案例

1.1.1 案例一：Pennant历史棒球信息应用程序[①]

和大多数年轻学生的经历一样，Steve Varga于2010年5月在Parsons设计学院（Parsons The New School for Design）获得了设计与技术专业的硕士学位。“Pennant历史棒球信息应用程序”是他的毕业设计作品。在他构思这件作品之前，他注意到这样一个潜在的市场：棒球是美国的“国球”，在全球拥有5亿球迷。毋庸置疑，这是个不容忽视的庞大球迷社区。对于这样一个体育运动项目，除了实况转播、棒球历史介绍和零散的各场次比赛统计数据，没有一个专门的媒体或产品，为球迷们提供棒球历史赛事的信息。我们每天使用的设备越来越多，当我们发现自己有着多种设备访问每一场比赛中的实况细节的时候，我们现在必须问自己一个问题：“所有这些信息都到哪里去了?”

Steve开始着手这项工作：海量收集、统计、挖掘、分析数据，运用自己平面设计和编程的特长，用Cocoa touch和OpenGL开发技术，将所有的数据进行可视化设计。经过视觉化的棒球数据，以丰富的交互信息图表的方式（图1-1），使用户能够快速、准确地重新创建和探索年度比赛的历史，回顾职业棒球大联盟中最好的球队，表现时间跨度为1952～2010年期间，各球队的介绍、115000场比赛的分数、各场比赛最伟大的时刻、赛场中双方球员的表现。

Steve毕业后，在同学Dong Yoon Park的协助开发下，他的毕业设计被成功地转化为iPad产品上市销售。这款软件被评为最佳运动资源软件，并赢得了WWDC（Worldwide Developers Conference）2011苹果创意大奖ADA（Apple Design

① Pennant的产品演示视频请参见网址：http://vimeo.com/11372358，或http://v.youku.com/v_show/id_XMjc2ODg2NDA0.html

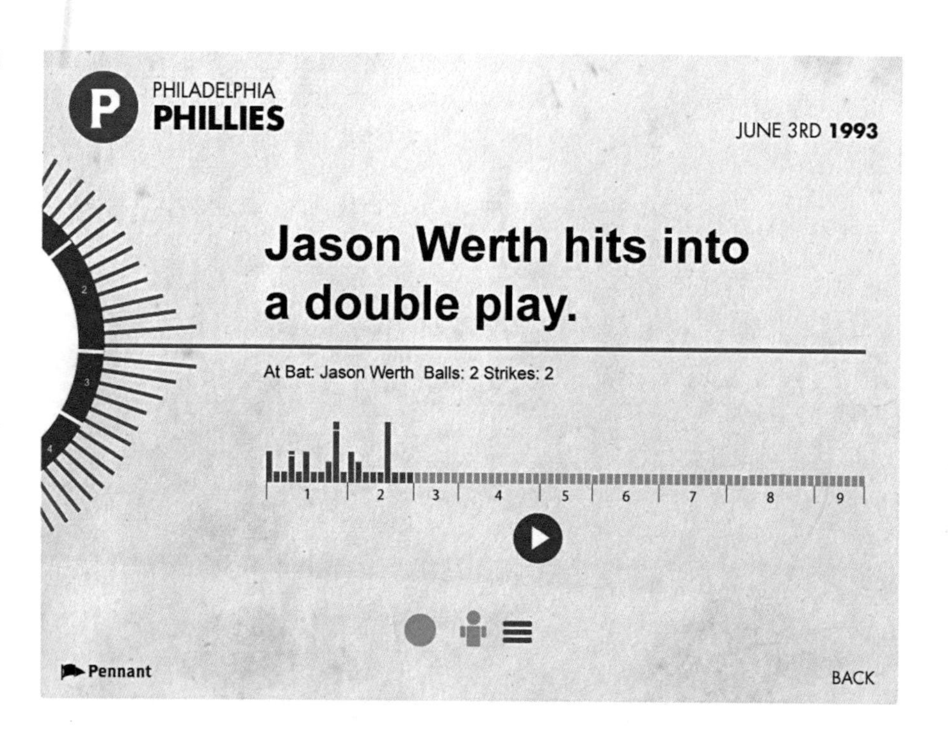

图 1-1 Pennant 历史棒球信息应用程序

Award）学生类2011应用程序大奖。

三年过去了，这款售价4.99美元或6元人民币的软件，成长成为涵盖跨度60年、117000场比赛信息的多种语言版本的iPhone和iPad应用程序，从60年前的每场比赛上升到当前季节的赛事，一年四季每天更新。

Steve的设计改变了我们观看和体验体育赛事的方式。作为调查过去60年来大量棒球数据的一种尝试，也作为使用交互来探索庞大数据集的一种手段，Pennant为今天的媒体设计提供了思路和方法。

我们对案例一总结后，得出以下关键词：棒球数据、可视化、信息图表、讲述、表现、交互、探索、App软件、球迷、市场、运动社区。进一步提炼后，得到以下组合：数据可视化 + 交互软件 + 运动社区。

1.1.2 案例二：Nike+FuelBand②

Nike这两年转型不小。为了保持品牌在市场中的形象和地位，当然需要在数字化革命中引领前沿。FuelBand是一款智能腕带产品。在谷歌眼镜上演了“可穿戴式电子设备”的风潮后，FuelBand以后来者居上的势头，融入可穿戴的数字生活之中。具有小巧、超酷的外形，FuelBand手环是专门为运动爱好者而设计的健身伴侣和身体监测器，不仅让你随时随地能够查看自己的健身数据，更扩展了运动的含义，而且让运动变得丰富有趣。

通过按下手环上的唯一按钮，用户可以切换查看Nike+Fuelband记录的三项运动数据：步数、消耗的卡路里数以及Nike Fuel。Fuel是用户根据自己的运动消耗创造的一种新的计量单位，可以通过电脑或App软件设定每日的目标数值。手环的数据显示具有游戏的特征。当用户完成设定的任务时，手环上20个LED彩灯会全部点亮，并用一段动画及时奖励用户，每个成就获得的动画都不一样，通过这种方式，运动过程转变成为一种游戏过程，让用户获得成就感和满足感，以及坚持运动的动力。

这款产品独特的设计在于，硬件产品和软件服务的结合。在用户安装手机端iOS平台设备App应用程序，并进行手环与iOS设备的数据同步的操作之后，就能查看身体的各种运动数据。在应用程序里，抽象的运动数据以直观的信息图表的方式，按照每天、每周、每月、每年的时间分类呈现。在交互设计方式上，同样融入游戏的特征。用户可以将数据进行分享，分享给自己在Twitter或Facebook上的好友，还能查找、添加同样拥有FuelBand的好友，与其进行运动数据的PK赛。

在产品设计上，Nike+Fuelband的设计可谓聚合了当今时尚和科技感的元素。表面运用防滑硅胶材质，其中黑冰、白冰这两款是半透明材质处理，让内部的芯片隐约可见。LED灯组成的点阵组合，充当了显示各种运动数据的屏幕（图1-2）。

我们对案例二总结后，得出以下关键词：运动数据、可视化、信息图表、呈现、交互、App软件、产品、硬件、游戏、可穿戴式电子设备、健康运动、市场、运动爱好者社区。进一步提炼后，得到以下组合：数据可视化 + 交互软件 + 硬件产品 + 游戏 + 服务 + 社区。

② http://www.nike.com/cdp/fuelband/us/en_us/

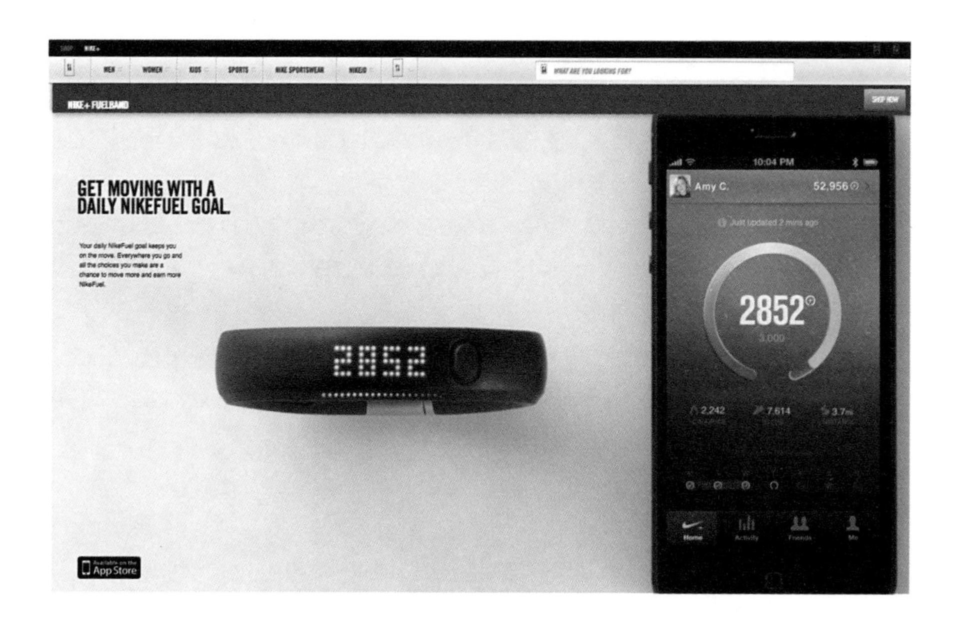

图 1-2 Nike+FuelBand

1.1.3 案例三：SixthSense可穿戴手势界面

SixthSense（第六感）[③]是由麻省理工学院媒体实验室提出的一个可穿戴的手势界面，它以数字信息增强人们对物理世界的感知，数字信息可以投射到物理世界的任何一个表面，人们可以使用自然手势（如拍照）与信息进行交互，整个外在的物理环境都可以转变成为界面[④]。从这个意义上看，不应是整个世界变成了一个个人计算机，而是需高度关注人类自身潜能的优势和不足，这正是"第六感"界面存在的意义：人们能够像使用视觉、听觉、嗅觉、味觉和触觉一样自然的获取或处理各种各样的信息，以扩展或增强人们的认知能力和数字化生存能力，未来的交互方式将更自然、更直观和更直接，即朝向人类自然交流形式的方向发展，呈现出多感官、多维度、智能化的特点，增强用户的参与感、体验感和沉浸感，加速现实物质世界与数字虚拟世界的不断融合[⑤]。

如同苹果手机，它们都反映了时下一个流行的设计趋势——"应有尽有"，苹果手机将各种信息技术（如多点触摸和蓝牙等）整合在一起，打破了人们对于手机的传统认知、使用方式和用户体验。"第六感"也是如此，其将时下各种技术（产品、媒体或服务）予以整合，提供给人们一个超乎想象的设计创新作品。其设计创意是将一些日常的活动功能化，包括完成一些日常的活动，如拍照，只需拇指和食指组成一个取景框就可以实现拍照功能，可以将照片投影到某物体表面进行简单的处理，就如同在现在流行的计算机屏幕上一样；在手腕上随意地画个圆圈，系统就会在手腕上呈现手表影像，显示此刻的时间信息。当然，其能实现的功能很多，如在报纸上播放动态影像等（图1-3）。

"第六感"整合了数码相机、便携式投影仪和智能手机等媒体，实现了数字信息与日常生活中的事物或活动的有机融合，它将操作扩展到了现实的物理空间之中。它充分地利用了人们在日常世界的基本知识和技能（如自然手势的非言语符号意义作为输入信息），以有效的方式实现了人们在数字信息空间与物理现实世界之间的自然的

③ 古希腊哲学家亚里士多德认为，人类的感觉有：视觉、听觉、嗅觉、味觉和触觉。但是，许多人都相信还有"第六感"。"第六感"到底存不存在？科学家至今不能给我们一个确切的回答。国外有人把人类的"第六感"称为"超感觉力"，或根据这个感觉的特征将其叫作"类嗅觉"或者"情觉"——直接影响人们感情、情绪的感觉，目前通常的叫法是"费洛蒙感觉"。杨孝文：《科学家发现"第六感"》，《北京科技报》，2013年2月25日，第007版。

④ Pranav Mistry and Pattie Maes, SixthSense: a wearable gestural interface. In ACM SIGGRAPH ASIA 2009 Sketches (SIGGRAPH ASIA '09). ACM, New York, NY, USA, 2009.

⑤ 杨茂林：《从"第六感"看人机交互的发展方向》，《装饰》，2013年第3期，第102-103页。

图 1-3 可穿戴手势界面（左图：手势取景拍照，中图：电话功能，右图：增强报纸）

转场。这为面向未来的整合媒体设计创新提供了一个富有意义的启发。

我们对案例三总结后，得出以下关键词：可穿戴界面、整合媒体、姿势、自然交互、数字空间、物理环境、智能。进一步提炼后，得到以下组合：可穿戴界面 + 交互 + 整合媒体。

1.2 信息时代的媒体与设计

步入信息时代，无处不在的信息充斥于人们的周围。传统媒体和数字化媒体共同构建了人们在后工业时代的生存和生活方式。信息成为一个重要的消费品，人们的日常生活被各种层出不穷的电子设备、形形色色的App应用所围绕，社交网络前所未有地重组了我们每个人的世界。人们依赖这些媒体来满足个体性的和社会性的需求。

计算机网络技术的发明和应用，使工业社会的物质文明向后工业社会的非物质文明转变。工业社会的大批量工业生产方式，决定了设计关注的重点是合理的尺度与造型；信息社会的数字化生产方式，决定了设计关注的重点必然是信息、媒体和各类“软”的界面。如何理解信息、媒体，以及设计与二者的关系成为关键的问题。

1.2.1 信息与信息设计

信息（Information）一词来源于拉丁文 Informatio，意思是指解释、陈述[6]。有关信息的定义不下百种。有代表性的解释有以下几种：

信息从字面上可以视为消息、信息（Message）的同义语。《古今汉语词典》对信息的解释是：①音信，消息。②泛指通过消息、报道、情报、数据和信号等所反映的事物运动状态的内容。同时信息也指信号、符号、数据、资料。

信息论和控制论对信息的理解广泛影响着经济学、生物学、计算机科学等研究领域。1948年，Claude E. Shannon在《通信的数学理论》（The Mathematical Theory of Communication）论文中，将信息定义为不确定性的减少或消除。“信息可以理解为人们获得新的知识，因为改变原来的知识状态，从而减少或消除了原先的不定性。”[7]因而，信息被视为不确定性程度的度量。维纳在《控制论与社会》（1950）一书中认为，“信息就是我们在适应外部世界，并把这种适应反作用于外部世界的过程中，同外部世界进行交换的内容的名称。接收信息和使用信息的过程，就是我们适应外界环境的偶然性的过程，也是我们在这个环境中有效地生活的过

⑥ 魏宏森：《系统科学方法论导论》，北京，人民出版社，1983年版，第102页。

⑦ 王雨田主编：《控制论、信息论、系统科学与哲学》，北京，中国人民大学出版社，1986年版，第338页。

程”[⑧]。控制论的观点认为，信息是控制系统进行调节活动时，与外界相互传递与交换的内容。

英国生物学家艾什比（W.R.Ashby）于1956年提出“变异度”这一概念，认为信息是事物的联系、变化、差异的表现。“信息必须表现出事物的关系、变化、差异，提供出事物在运动变化过程中出现的新的特征。”[⑨]克劳斯于1961年在《从哲学看控制论》一书中指出，信息必须有一定的意义，必须是意义的载体。“信息是由物理载体与语义构成的统一体。”[⑩]

无论信息作为不确定性程度的度量，系统相互传递的内容，事物的关系、变化、差异程度，还是信息作为意义的载体，都是从人作为主体来认识和理解信息，是“认识论层次的信息定义”[⑪]。那么，可以认为一切由人类创造的语言、文字、符号和载体表达的数据、消息、知识，都属于认识论范围内的信息。

进入信息时代，人类社会极大地依赖信息的生产和使用。人类生活从工业社会的物质文明向后工业社会的非物质文明转变。人们对信息的认识上升到另一个高度，“信息是人与人之间传播着的一切符号系统化的知识，信息是决策、规划、行动所需要的经验、知识和智慧”[⑫]。

Nathan Shedroff 提出“数据—信息—知识—智慧”的连续过程，认为人们通过对数据的研究、创造、收集和发现，进而挖掘提炼、表达呈现、组织为有意义的信息，再以谈话、讲故事、整合的方式吸收为知识，最终进阶为理解的最高层次——智慧（图1-4）。[⑬]

虽说信息就是数据，信息就是知识，但“数据是信息的原始材料，而信息则是知识的原材料”。“数据（Data）是载荷或记录信息的，按照一定规则排列组合的物理符号。它可以是数字、文字、图像，也可以是声音或计算机代码”。和信息相关的其他一些概念，“如信号、消息、资料等，不过是数据的不同单位和不同形式而已，它

⑧ 马费成等著：《信息管理学基础》，武汉大学出版社，2002年版，第3页。

⑨ 王雨田主编：《控制论、信息论、系统科学与哲学》，第340-341页。

⑩ 同上，第343页。

⑪ 对信息的定义既可以从本体论层次上理解，即使主体不存在，信息也客观存在；也可以从认识论层次上理解，信息是主体有目的的感知和理解到的知识，没有主体就不能认识信息。认识论层次的信息概念比本体论层次的信息概念具有更为丰富的内涵。参见马费成等著：《信息管理学基础》，第6页。

⑫ 马费成：《信息管理学基础》，第4页。

⑬ Nathan Shedroff, “Information Interaction Design: A Unified Field Theory of Design,” in Robert Jacobson, ed. *Information Design*, (Cambridge, Massachusetts: The MIT Press, 2000), p 271.

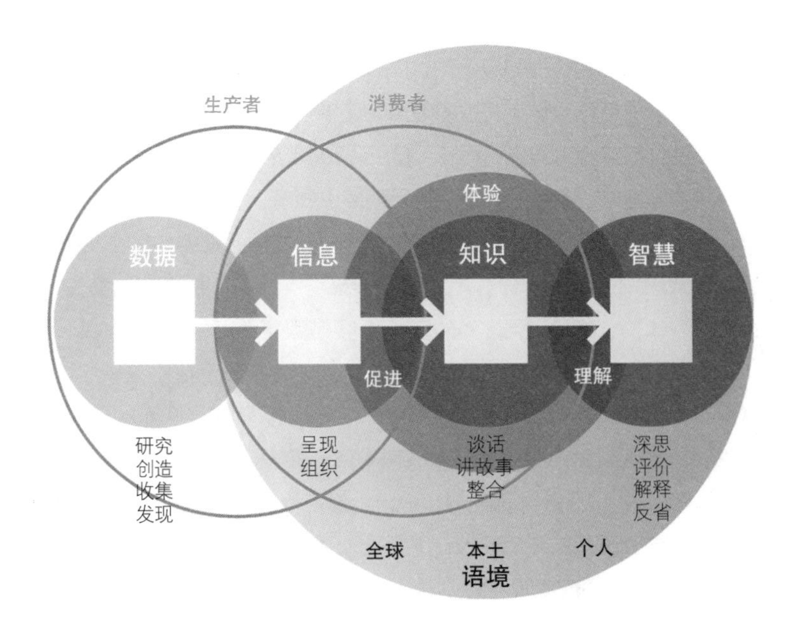

图 1-4 理解的进阶图

们同样也是载荷信息的物理符号或物质外壳”[14]。这样看来，我们需要的是能够转换为知识和经验的信息，而不是一堆无关的数据。

数字化技术和互联网络创造了丰富的数字化生活。然而，当我们欣喜地迎来信息的大潮之时，竟浑然不觉自己已身处“信息爆炸”的危机之中。信息量的几何级增长，导致有用信息匮乏和无用信息泛滥的矛盾日益尖锐。由“信息爆炸”和“信息过载”导致的“信息焦虑”[15]已危及人类的“数字化生存”[16]。人们需要的是经过提炼和组织的信息，关心的是如何在有限的时间内作出正确的决策，从而有效实现信息的价值。

针对信息的设计应运而生。成立于1991年的英国信息设计协会（Information Design Association），发明并推广了“信息设计”（Information Design）这个术语。在此之后，设计界和学术界开始广泛使用“信息设计”这一术语。由于信息的非物质性、普遍性、传递性，信息设计与工业设计、视觉传达设计、影视动画、广告传媒、环境设计、建筑设计、数字娱乐设计、展示设计等领域相互交叉。信息设计区别于其他设计的关键在于提高信息传播的效率和效用，帮助人们有效、高效地创造并使用信息。

鉴于信息设计的综合性和交叉性，似乎很难给“信息设计”下一个完整的定义。不少学者认为信息设计并不是一个新的概念，信息总是经过设计才呈现在人们的面前。正如Brenda认为，“信息并非自然。无论被称作为数据、知识、事实、歌曲、故事，还是隐喻，信息总是经过设计的”[17]。信息是人类设计的一种工具，用以建构（Sense-making）混乱与有序并存的现实世界。他认为信息设计应该是一种有关设计的设计，即“元设计”（Meta-design），是协助人们创造或改变他们自己的信息和理解信息的设计方法。

Romedi Passini 进一步指出了信息设计所涉及的范围，“信息设计不是一个新的概念。只是在近几年才广受关注。它几乎是一切规划设计的总称。用户指南、警示标签、手册、时间表、表格、发票、交通指南、交通标志、导引标识、地图、专业表单、科学论文、电脑设计等，这个范围还在继续扩展”[18]。简言之信息设计意指所有字词、图片、图表、图形、地图、图解、卡通漫画，无论是用传统或是电子的手段实现交流传达。

Nathan Shedroff 认为信息设计是通向良好交流的一门学科、一种方法和一个过程。信息设计是普遍存在的，其主要目的在于有效组织用于交流的想法和数据，以交流的信息和交流目标为出发点，进而发现合适的表达途径，以使信息更加清晰、便于获取，并且易于理解。他也发表过类似“元设计”的观点，指出信息设计不是要取代图形设计或其他“视觉传达”学科，而是一种使上述学科通过信息设计这一平台更好地发挥各自的作用。

“大卫·斯莱斯在1990年提出：信息设计关注于使信息易于获得并为人所用。”[19]信息设计师综合了平面设计、写作与编辑、插画和人因学的方法，使复杂的信息更易于接受。彼特·邦戈兹在1994年进一步强调了目标性：“信息设计是带有特定目标的过程。通过这个过程，与某一群体相关的信息被转化为适合这一群体理解和接受的表达形式”[20]。这一观点也得到耶鲁大学统计学教授爱德华·塔夫特（Edward R.

⑭ 马费成：《信息管理学基础》，第7–9页。

⑮ 沃尔曼（Richard Saul Wurman）把这种信息爆炸导致的无用信息太多、有用信息太少给当代人类心理、生理带来的伤害称为“信息焦虑”（Information Anxiety）。沃尔曼写道：“由于在我们真正能够理解的信息与我们认为应该理解的信息之间存在着持续增大的鸿沟，对信息的焦虑感产生了。事实上，信息焦虑是数据和知识之间的一个黑洞。在信息不能告知人们需要了解的东西时，它就会出现。”参见［美］Richard Saul Wurman：《信息饥渴——信息选取、表达与透析》，李胜银等译，北京，电子工业出版社，2001年版，第18页。

⑯ 尼葛洛庞帝（Negroponte）认为“计算不再只和计算机有关，它决定我们的生存”。参见［美］尼古拉·尼葛洛庞帝：《数字化生存》，胡泳、范海燕译，海口，海南出版社，2000年版，第3页。

⑰ Brenda Dervin, “Chaos, Order, and Sense-Making: A Proposed Theory for Information Design,” in Robert Jacobson, ed. *Information Design*, (Cambridge, Massachusetts: The MIT Press, 2000), p.36.

⑱ Romedi Passini, “Sign-Posting Information Design”, in Robert Jacobson, ed. *Information Design*, (Cambridge, Massachusetts: The MIT Press, 2000), p 83.

⑲⑳ 鲁晓波：《飞越之线——信息艺术设计的定位与社会功用》，《文艺研究》，2005年第10期，第123页。

Tufte）的认同，他指出：好的设计是“将清晰的思想可视化”[21]。

由此，我们可以这样初步理解信息设计：信息设计以实现有效、高效的信息传播和交流为目标，通过对信息的有效组织，将信息转换为易于理解和接受的形式，帮助人们方便地获取和利用信息。

除了达成易于获取和利用信息的目的，信息设计还被视为加工信息的艺术和科学，它的表达形式无疑是美观和清晰的。Robert E. Horn 认为，信息设计是使人们高效和有效地使用信息的艺术和科学。主要的目标包括三个方面：“一是开发易于理解的、可以快速和准确获取的，并易于有效指导行为的文档；二是设计带有设备装置的信息类产品的交互方式，使交互装置容易使用，交互过程自然并尽可能令人感到愉悦。三是使人们能够在三维空间中舒适、方便地找到他们的道路，比如在城市空间或虚拟空间”[22]。

针对信息的载体，卢内 · 彼得森首先提出对媒体的关注，他指出：“为了满足目标受众的信息需要，信息设计综合了对信息内容、语言、形式的分析、策划、表达和理解。无论信息的载体是哪一种媒体，优秀的信息设计作品应该满足美观、有效、人因工程和受众的其他要求”[23]。Wurman进而在设计方法上强调了信息结构和信息内核的思想。他认为信息设计是一种构造信息结构的方式，信息结构设计师的根本任务是设计对信息的表达形式，即信息结构设计师应该能够提取复杂环境和信息中的内核，并将之以清晰和美观的方式呈现给用户。

虽然对信息设计的研究日益专业性和交叉性，但是相比较于其他学科，信息设计仍是一个发展中的年轻学科。信息设计凭借其他领域（人机工程、教育学、心理学、认知学、人机界面、文案设计、版式编排设计、广告、传播、有结构的写作、统计学、计算机科学、医学等）作为研究基础，正迅速地变成其他领域中的研究方向。例如，在医学领域，与信息设计相关的研究和应用的工作正在上述诸多领域开展开来，名为医学信息科学（Medical Informatics）。又如，映射（Mapping）的概念出自绘制地图的制图学、测量学、摄影测量学。信息设计不仅使映射得到前所未有的可视化和交互性，还将映射拓展到网络关系、社会生活等范围。

因此，我们说，信息设计是使人们有效和高效地使用信息的艺术和科学，它以信息的传播和交流为目标，通过对信息的组织和建构，结合信息技术和交叉学科知识，将信息转换为清晰、美观、易于理解的形式，以方便人们获取和利用信息，创造优化的信息环境和合理的信息方式，满足人们对信息生活的需求。

当然，信息设计并不能解决所有的设计问题，它也存在局限性。可以这样来理解，信息设计的对象是信息，即用户需要交流、理解和处理的信息，这个过程通常贯穿着我们对信息的认知、表述、传达的全过程。一旦设计任务涉及坚固，如产品的材料、力学方面，则需要运用其他学科的知识解决出现的问题。

1.2.2 数字媒体与信息

“媒体”（Media）一词，源于拉丁文medius，意思为“之间”，medium 为其单数形式。“媒体”又被称作“媒介”。在广义层面上，“媒体”指存储与传播信息的

[21] 鲁晓波：《飞越之线——信息艺术设计的定位与社会功用》，《文艺研究》，2005年第10期，第123页。

[22] Robert E. Horn, “Information Design: Emergence of a New Profession,” in Robert Jacobson, ed. *Information Design*, pp.15-16.

[23] 鲁晓波：《飞越之线——信息艺术设计的定位与社会功用》，第123页。

载体或工具，这一信息传播和接收的过程可以发生在人与人、人与物，或者物与物之间。在狭义层面上，人们认识“媒体”的方式各不相同，它可以指传递信息的符号，也指信息传播的形式，还可以指信息传播的载体。

“数字媒体”（Digital Media）指以电子形式存储或传播信息的媒体。与数字媒体对应的一个词“模拟媒体”（Analog Media），指以模拟信号的方式传播信息的媒体。数字媒体和模拟媒体的区别，在于发生在模拟信号（Analog Signal）和数字信号转换之间的信息存储、处理、检索、识别、传播、表达全过程都借助于数字化技术。“数字”一词，其本身的含义即二进制比特“0”和“1”计算系统。

佛罗里达数字媒体工业协会曾给数字媒体作如下定义，数字媒体是“有助于人类表达、沟通、社会交往和教育的数字艺术、科学、技术和商业的结合”[24]。显而易见，数字媒体是数字化呈现的媒体。但是，不是以电子形式呈现的媒体，就不是数字媒体吗？对于数字媒体的界定，我们需要审视信息时代的生活方式和生产方式。在数字技术广泛普及的今天，由技术创造出的超越物理空间的无形数字网络，几乎无所不包地覆盖了我们全部的现实生活。从衣食住行到人际关系，从社会组织到国家文化，无一不在数字世界中有着一一对应的映射。

本书认为，数字媒体不仅包括数字形式的媒体，还包括以数字方式加工、处理的媒体，只要包括数字技术处理信息的过程，都可以视为数字媒体的输出形式。例如，电子书是数字媒体，而通过数字出版、数字印刷系统印制的传统书籍，由于信息的加工工具和过程是数字化的，故可以视作经过数字媒体处理的印刷输出形式。数字媒体还可以包括其他多种输出设备的形式，如屏幕、照片、投影、音乐，或是3D打印机打印的物品。

因而，数字媒体的范围相当宽广。从符号的角度看待数字媒体，它包括语言、文字、数字、图形、图像、声音、影像、标志等。从传播形式看数字媒体，它包括印刷品、电视、电影、广播、音乐、戏剧、博览会、博物馆、游戏等。从信息的载体看数字媒体，它指书籍、手册、广告、移动电子设备、网络、交互产品、智能设备等。

这样看来，数字媒体不仅包括信息的载体，同时包括信息本身。那么，作为设计者，应当如何理解媒体与信息的关系呢？我们越来越注意到这样一种现象，同样的信息，或者同样的核心内容，有多种信息的表达形式，也就是媒体形式，信息在不同的载体上出现，以吸引不同受众的注意力，或者为不同时间、地点的受众提供信息的内容。如在城市中找寻目的地，可以通过语言传播工具——问路、打电话打探道路，也能通过文字、图形为符号的媒体——手册、地图册、道路标识牌、街道牌等，还可以通过电子媒体——网络、手机、导航仪、智能设备等。在这个找寻目的地的过程中，媒体和信息的关系似乎是难以分离。

多数人认同媒体与信息就是载体和内容的关系。这种观点认为，内容是能动的，载体是被动的。如今，面对由新技术不断催生的异常丰富的电子媒体、智能设备，我们是否思考过，它们仍然是消极的、被动的？它们在多大程度上影响、改变了我们需要设计的信息呢？

麦克卢汉认为，“媒介即是讯息”[25]。他认为，每一种新技术创造的媒体，都是

㉔ http://en.wikipedia.org/wiki/Digital_media

㉕ 所谓媒介即是讯息只不过是说：任何媒介（即人的任何延伸）对个人和社会的任何影响，都是由于新的尺度产生的；我们的任何一种延伸（或曰任何一种新的技术），都要在我们的事务中引进一种新的尺度。参见［加］马歇尔·麦克卢汉著：《理解媒介——论人的延伸》，何道宽译，北京，商务印书馆，2000年版，第33页。

一种全新的环境，而媒体的内容是陈旧的环境。新环境对旧环境进行彻底的加工，将旧的环境转化为自身的内容。“我们所能觉察的，只是其内容，即原有的环境。”[26]在他看来，一种媒体的内容总是另一种媒体。“报纸的内容是文字表述，正如书籍的内容是言语、电影的内容是小说一样。”[27]

[26] [加]马歇尔·麦克卢汉:《理解媒介——论人的延伸》，第27页。

[27] 同上，第376页。

先知的预言已经变为现实。媒体和信息同时具有了双重身份。媒体依然是载荷信息的外壳，但媒体不再只是载体，媒体就是信息本身。媒体和信息形成一种层层嵌套的关系，你中有我，我中有你。在一种媒体里出现的信息，可以流向其他媒体成为其内容，也可以表现为另一种媒体，即其他信息的外壳；反过来说，一种媒体也可以成为另一种媒体的内容。如一本电子书，可以在 iPad 平板电脑、Kindle 电子阅读器、手机端下载或电脑里阅读，如果爱不释手的话，你也可以在书店找到并购买这本书，永久收藏于书阁。反之，作为印刷媒体的书借助于数字化技术可以转换为电子书媒体或网络媒体的内容。因而，媒体“对信息、知识、内容有强烈的反作用，它是积极的、能动的，对讯息有重大的影响，它决定着信息的清晰度和结构方式”[28]。

[28] 同上，中译本第一版序，第1页。

不仅如此，“媒介可以使人产生新的感知习惯”[29]。用麦克卢汉的话来说：“我们塑造了工具，此后工具又塑造了我们（We shape our tools, and thereafter our tools shape us）[30]。”

[29] 同上，第25页。

[30] 同上，第4页。

1.2.3 信息设计的复杂性

当社会分工变得越来越专业化，人们对知识的需求不断增长，对信息组织的要求也相应地越来越高。信息的高度分散和混乱与人们利用信息的针对性和高度选择性的不对称创造着更大的复杂性。

Brenda Dervin 曾经指出，“信息描述一个有序的现实，但只能被那些具有正确观察技能和技术的人找到。信息描述一个有序的现实，现实因时空而变化。信息描述一个有序的现实，现实因文化不同而变化。信息描述一个有序的现实，现实因人不同而变化。信息将混乱的现实秩序化。”[31]

[31] Brenda Dervin, “Chaos, Order, and Sense-Making: A Proposed Theory for Information Design,” in Robert Jacobson, ed. *Information Design*, p.37.

一边是混乱无序的信息碎片，一边是日益增长的信息需求。设计者面对复杂的设计任务、模糊的学科边界和瞬息万变的信息环境，已无法用传统的单一学科知识和技能解决复杂问题。现代设计，“不仅需要多学科（如计算机科学、工程学、心理学、生理学、市场营销等学科）交叉融合，而且需要知识、技术与人文艺术的深度融合来提升智能化、人性化、艺术化的体验水平”[32]。而信息设计正是一门解决复杂性问题的设计理论和方法。

[32] 路甬祥:《创新中国设计 创造美好未来》，《人民日报》，2012年1月4日，第14版。

信息设计广泛涵盖了以下学科领域：艺术学、社会学、心理学、认知科学、教育学、传播学、广告、人机工程、网络技术、计算机科学与技术等。信息设计和其他学科并不是简单的学科相加，它在不同领域甚至有着不同的名字。在新闻、出版、报纸和杂志业，它被称为信息图表（Infographics）；在金融、医疗业，它是数据可视化（Data Visualization）；在科学领域，人们称之为科学可视化（Scientific Visualization）；在餐饮、娱乐、消费品等商业领域，它是基于地理位置的用户信息采集；在交互产品设计领域，它是用户体验和界面；游戏设计里，它是游戏的信息结构；

对建筑师而言，它是公共空间的标识和导向；对于戏剧、表演、动画与广告策划，它是叙事的结构；对于社交网络，它是基于情感的信息组织和信息方式；而对于智能设备、智能建筑和无所不在的计算而言，信息设计是人机交互、电脑程序和物理计算。

信息设计的复杂性体现在设计任务的复杂性，这主要包括四个方面：

清晰性，把需要的信息在正确的时间、正确的地点，以清晰易读的形式，呈现给需要的人。

叙事性，构建跨媒体叙事，选择、组合和重构媒体形式，以文本、影像、交互等媒体形式整合叙事模式，实现信息交流的层次性、逻辑性和艺术表现性。

交互性，保持人与媒体之间直接的和自然的信息交流，塑造良好的用户体验。

社会性，充分发挥或利用媒体的社会性和社会化角色，支持或增强社会性服务，满足用户的价值诉求。

信息设计不是要取代其他学科，而是一种使上述学科通过信息设计这一平台更好地发挥各自的作用。虽然信息设计在各个学科领域中的应用方向看似毫无联系，但是信息设计的目标是一致的，都是使信息被有效、高效地获取和利用。

1.3 数字媒体的分类与形式

本书从信息设计的任务出发，依据媒体的可视化属性、叙事属性、交互属性和社会属性，将数字媒体分为静态媒体、时间性媒体、交互媒体和社会媒体四大类别，每种类别包含了多种媒体形式。需要说明的是，这样的分类并不是绝对的，媒体的各大类别之间相互都有交叉。例如信息图表，有静态形式的，也有用动画讲述形式表现的，还有用交互界面形式表现的。分类只是从方便认识的角度，能够帮助理清复杂的媒体形式，归纳出信息设计针对不同媒体类别的设计规律和方法。

如表1-1所示，静态媒体的形式可以分为信息图表、数据可视化、地图与手册、说明书、宣传页、标志、标识、导向系统等；时间性媒体可以分为小说、诗歌等文学作品，剧本、文案策划、动画、漫画、电影、电视、广告片、纪录片、新闻/访谈片、交互信息图表、交互影视/广告、交互展示、交互游戏、新媒体艺术；交互媒体的形式可以包括网站界面、交互信息图表、交互产品、移动设备、信息屏、可穿戴设备、实物交互、新媒体艺术、交互游戏、交互展示、智能产品、交互建筑；社会媒体的形式分为社交网络、社交联络产品、网络游戏、微博、即时通信（MSN、QQ等）、公共信息服务系统（医疗、交通和金融等）、App应用服务、物联网络、数字产品系统、公共媒体艺术、数字社区、虚拟博物馆。

信息设计所涉及的媒体类别　　表1-1

静态媒体	时间性媒体	交互媒体	社会媒体
信息图表、数据可视化	小说、诗歌等文学作品，剧本、文案策划	网站界面、交互信息图表、交互产品、移动设备、信息屏	社交网络、社交联络产品、网络游戏、微博、即时通信（MSN、QQ等）

续表

静态媒体	时间性媒体	交互媒体	社会媒体
地图与手册、说明书、宣传页	动画、漫画、电影、电视、广告片、纪录片、新闻/访谈片	可穿戴设备、实物交互、新媒体艺术、交互游戏	公共信息服务系统（医疗、交通和金融等）、App应用服务
标志、标识、导向系统	交互信息图表、交互影视/广告、交互展示、交互游戏、新媒体艺术	交互展示、智能产品、交互建筑	物联网络、数字产品系统、公共媒体艺术、数字社区、虚拟博物馆

这四种媒体类别，都以信息的传播、获取和利用为目的，静态媒体和时间性媒体类别有着共同的特性，即更多关注对信息的认知与理解。交互媒体和社会媒体有着共同的特性，它们侧重的是一种关系的建构，这个关系涵盖人与物、物与物、人与人三种基本形式，其中互动机制的基本逻辑就是信息交流、体验生成和价值认同。

1.3.1 静态媒体

静态媒体（Static Media）整合了传统的印刷媒体和以静态视觉元素的界面构成的媒体。印刷媒体，这个由平面设计专业所掌控的领域，一向以版面中视觉元素的装饰性和形式美感为追求目标。直到数字信息大举入侵的那一天，平面设计师们发现基于形式美感的设计规则，已不再能应对印刷品和数字形式出现的海量数据、文字、图片与图表。随着人们对此类设计需求的增长，产生了静态媒体这一新的媒体类别，它以静态视觉信息的多种表现形式为组成部分，旨在解决信息传播过程中的有效性与效率问题。静态媒体以信息可视化作为切入点，将信息图表、数据可视化、映射、图形图标、导向标识列为主要表现形式。可视化图表的形式取决于数据的设计目标，它可以突出以叙事为目的的装饰性，也可以重在抽象数据的组织结构的科学性与逻辑性。与平面设计相区别的是，静态媒体的视觉元素，是以清晰性为核心而展开。清晰性体现在视觉系统中的每一个环节，这需要对颜色、文字、图形、大小等各视觉变量的综合权衡和运用。良好的易读性、视觉变量、视觉层次及其构成规则，对于设计具有复杂的视觉信息系统、手册与地图、标识系统具有重要的意义。在信息设计师的眼中，静态媒体所表达的内容应当是清晰易读的、科学合理的、优美且富有吸引力的。

1.3.2 时间性媒体

时间性媒体（Time-based Media）是指以叙事为特征，随时间的展开而呈现完整信息内容的媒体。媒体和叙事有着密不可分的关系，自从有了口语在场叙事，发展到文本叙事、影像叙事、交互叙事，人类一直在用不同的时间性媒体讲述、记录、传播着自己的故事。我们应当看到，媒体技术在历史时期中扮演的积极推动的角色，正因为有了印刷、摄影、电影、电视、广播、计算机、网络等媒体技术的发明与革新，原来各自封闭的叙事内容，开始在不同媒体之间流转。叙事结构由基于时间、因果逻辑关系的线性，向非线性、分叉、碎片结构发展。叙事语言由文字与修辞构成的文本段落，发展为镜头与蒙太奇句子连接而成的视觉画面，在数字空间中则体现为由超文本、超媒体构成的交互界面。叙事方式，由作者/作品—读者的单向传播和隐形交互，变为作者/编程者/管理者—作品—读者/用户/参与者—作品的双向传播与交互。参与性是交互叙事区别于其他叙事最大的特征。时间性媒体是叙事的中介。在数字媒体时代，时间性媒体不局限于传统叙事，它还具有更广泛层面的传播、展示、呈现的特征。将叙事融入时间性媒体的设计，或将不同媒体整合为跨媒体叙事，对于数字产品的开发、品牌的塑造与推广、交互展示等诸多领域，以及满足用户对产品的情感诉求、提升审美和文化价值等方面具有重要的意义。

1.3.3 交互媒体

交互媒体（Interactive Media）是随着技术变革而产生的一种新型的媒体类别。概括而言，历经手工艺、机械化和电气化，直至数字化，人与媒体之间的相互作用方式一直在发生变革，无论是人适应媒体，还是媒体适应人，人与媒体之间的关系似乎因功能的复杂性而被割裂，这就需要界面作为中间角色连接交互双方。因此，界面成了信息时代设计领域的一个重要概念，而不再仅仅是限于传统计算机领域的人机交互的专属。界面的提出表明了设计应该高度关注人与机（产品或媒体）之间的互动问题，即所谓的控制与反馈机制，但是这个机制不仅仅是限于视觉性的、图形性的和线性叙事性的，而是成为一个动态的、适应性的和全感官的交互机制，这尤其表现在交互建筑和实物交互方面。人的体验成了以用户为中心的设计宗旨的组成部分，这个复杂的体验是一个由意义体验、审美体验和情感体验构成的统一体，当然，也不能忽视功能体验的基本作用。交互媒体艺术或设计，应关注全方位的人的本身，无论是生理的还是心理的，在一个技术大众化和社会化的时代，尤其是在一个网络遍布和信息无处不在的背景下，人的情感需求将成为交互媒体的核心内容之一。

1.3.4 社会媒体

社会媒体（Social Media），某种意义上容易与现在流行的社交网络或虚拟社区等混淆在一起，如 Facebook 。此处，社会媒体在技术方面，它不仅仅局限于“互联网+个人计算机（或其他智能终端，如手机）”的模式构成的社交媒体，如微博。我们将社会媒体描述为社会性的（Sociality）媒体或能够支持或增强社会化（Socialization）的媒体，这是一个跨界的整合性的概念，在技术上，它与计算机技术、网络技术、无线传输技术、虚拟现实和物联网技术等关联，在应用领域，它与数字产品设计、交互建筑设计和信息界面设计等有着密切联系。社会媒体旨在突出不同的媒体类别（产品、服务和系统），基于数字信息技术而整合，将各种利益相关者以高效快捷的方式联系在一起实现某一功能，社交网络、远程教育、数字游戏和物联网应用都属于社会媒体的范围。总体上，社会媒体一方面是指各种不同的媒体因实现同一功能或服务而基于数字技术关联形成一个媒体系统，如医疗信息服务系统包括从挂号至诊断完毕，甚至是后期服务整个过程的所有各种不同的软硬件的整合；另一方面，围绕某一或某些媒体，人们因此而连接，如数字网络游戏。因此，社会媒体设计策划应突出媒体的社会性和社会化的双重属性，强调服务引导用户体验创新，实现用户价值诉求。

1.4 整合媒体的信息设计思路

为了使读者能够快速了解本书的思想，现将书中的主要观点总结如下：

1.4.1 媒体和信息二者不可分割

信息设计是对信息和媒体同时予以设计的过程。信息设计的核心内容是信息，但不能忽视媒体对其的意义和作用。

麦克卢汉“媒介即讯息”，表明整个媒体发展的历史，就是全新的媒体将陈旧的媒体转化为自身内容的过程。计算机与网络技术革命创造了数字媒体，数字媒体将印刷、摄影、广播、影视等传统媒体转化为自己的内容。以前流通于不同感觉通道，依靠不同技术建构起来的信息媒体系统开始彼此互联和整合。传统观念中对内容的设计，在数字媒体时代，即是对媒体本身的设计。

一方面，信息设计都与某一具体媒体的设计相关，受到媒体条件的限制（如设计手机中的App应用程序，首先要考虑到这一媒体的特点和局限对设计的影响），以及转化为其他媒体的形式和方式问题。

另一方面，不同媒体形式的选择，将决定“信息的清晰度和结构方式”。信息的视觉呈现、叙事性、交互性、社会性，都是信息设计的基本问题。当人们拥有越来越多的媒体工具时，数字产品、广告策划、品牌营销、电影、动画、公共信息服务系统等领域，正越来越依赖媒体，选择不同的媒体表达同样的核心内容（如广告推广可以选择：报纸、宣传册、电视视频、动画、交互广告、二维码等，每种都针对不同的时间段、不同地点、不同的用户类型，从而达到预期的最佳效果）。

1.4.2 信息设计需要在数字媒体时代解决两大问题

1. 信息的清晰传达和表述，它关系到如何运用可视化和叙事手段提升或改变人们认知和理解的过程。即如何把信息推送给人，并让人更好地理解。在本书中，表现为静态媒体与时间性媒体。

2. 信息的易于获取、操控和反馈：它侧重的是一种关系的建构，关注在获取信息过程中的信息交流、体验生成和价值认同。即如何让人主动、便捷地获取信息，和获取信息的过程中的反馈、处理、理解、交流。在本书中，表现为交互媒体与社会媒体。

1.4.3 整合媒体与信息

整合媒体是一种设计思想，它将为今天的信息设计师提供一种解决问题的途径和方法。如图1-5所示，静态媒体、时间性媒体、交互媒体、社会媒体这四种媒体相互交叉、互有重叠，信息流是连接四种媒体的基本纽带，核心信息将在整合媒体的平台上实现传播、转换和信息价值。

1. 整合信息，将信息联系起来，把握核心信息。

早在2001年，沃尔曼（Richard Saul Wurman）就曾经指出，“联系的时代与信息集成”[33]。数字媒体时代，设计的关注点必须集中到所有设计元素的联系上，这

㉝ 沃尔曼认为，“随着宣传媒介的不断增加，把所有广告信息统一起来变得越来越重要，也就是说，要把他们搜集到一起，寻找向客户施加影响的所有手段，而不只是陷于广告与销售宣传手册。”参见［美］Richard Saul Wurman：《信息饥渴——信息选取、表达与透析》，第95页。

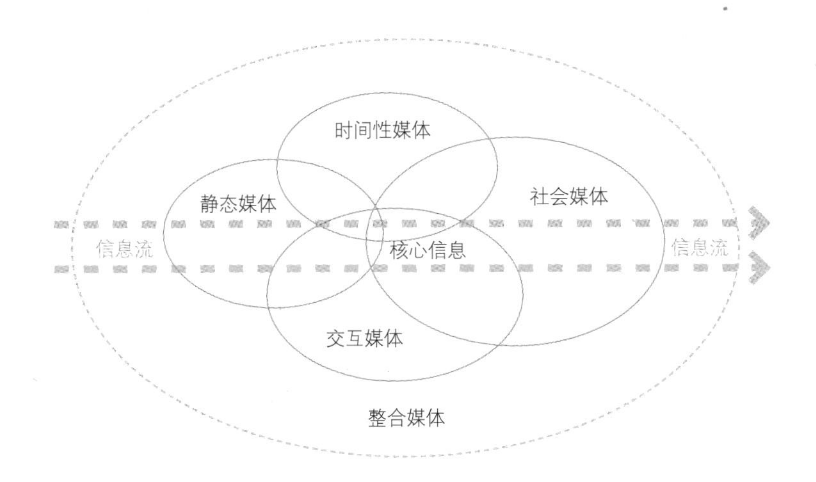

图 1-5 整合媒体的信息设计思路

包括：文字、图片、影像、声音、媒体、用户、市场。更为重要的是基于什么语法建立这种连接，是信息内容的传达、叙事的时间顺序和因果关系、地点的切换、任务的顺畅完成，还是用户的情感需求的满足，一旦建立了信息的联系，我们将看到核心信息在媒体之间传递。设计师需要保持核心信息和媒体之间的连贯，这样就能运用恰当的和强有力的媒体，持久地连接用户。

2. 整合媒体，将媒体联系起来，这将对数字媒体时代的设计产生重要影响。

2012年5月11日，潘云鹤院士在宁波首届中国设计发展论坛上的发言指出，集成高新技术将成为未来设计创新的主要趋势。整合媒体的思路即顺应了这种趋势。选择、组合、重构媒体，创造新的媒体，避免不同媒体渠道与信息发布的冲突，权衡不同媒体上信息的传播效果，找到最有效的媒体形式，实现信息在传播和交互过程中的效用，这些都将是今天的设计师极为重要的设计议题。

整合媒体还意味着，对社会环境和关系的重新思考与设计。“社会各种政治、经济、文化、科技等因素，都在以种种有形无形的动态连接交织成一个涵盖整个社会的巨型网络。然而隐藏于复杂因素中的无数连接是断裂的、缺失的，或被忽视的。这需要我们‘用网络化的方法思考世界’，发现并连接这些断开的节点，通过创新设计来改变生活、服务生活。”[34]

整合媒体与信息，将对各个设计领域产生的影响有（括号里罗列出对应的例子和所在章节）：

（1）产生新的用户群（兴趣+用户群，这些用户群原来就存在，因为被忽视而处于一种隐形的状态，通过设计才被挖掘出来，Pennant，参见1.1.1）。

（2）产生新的产品（硬件＋软件，Nike+FuelBand，参见1.1.2）。

（3）产生新的交互方式、界面形式（SixthSense，参见1.1.3）。

（4）产生新的交互叙事设计（Robert Driver，参见3.2.5）。

（5）产生新的跨媒体叙事设计（八十七神仙卷动画展示，参见3.3.3）。

（6）产生新的市场（Walk Score，参见5.1.3）。

（7）产生新的个性定制（NIKEiD，参见5.1.4）。

（8）产生新的服务（IGO，参见5.2.2）。

（9）产生新的价值（Barclays Cycle Hire，参见5.3）。

[34] 黄海燕：《从中美硕士课程设置看设计创新思维的培养》，《装饰》，2012年第7期，第99页。

静态媒体——可视的世界

我们看世界的方式决定了我们如何理解、如何思维、如何行动。静态媒体首先是可视的。这为我们带来了信息设计的一个重要方向：信息可视化（Information Visualizaiton）。

对信息的可视化设计并不是什么新鲜事。从最早的旧石器时代洞窟壁画，到文艺复兴时期达·芬奇写有文字注释的人体结构的解剖图，再到现代的数据可视化，人类一直在利用图形、文字、数字等符号描绘和表现信息。

正如第1章所述，静态媒体和时间性媒体、交互媒体、社会媒体都有交叉，信息图表、地图手册、标志符号可以表现为印刷品、图片，或是动画、视频、交互界面的形式。本章从可视化的角度侧重讨论静态媒体的主要形式、特点与设计方法。

2.1 信息可视化

2.1.1 可视化的基本概念

其实，一张照片、一幅插图、一件产品也是可视化的呈现结果，都体现出思维创造和视觉表现的过程。但这里探讨的可视化，是指在特定信息设计范畴中的“信息可视化”。在信息可视化这个大的概念下，可以分为三个方向：数据可视化、映射、信息图表。让我们先来理清几个基础概念和关系。

产生于20世纪80年代中后期的可视化（Visualizaiton）是科学图表、统计学和图形学的分支。它以增进认知为目的，用计算机交互方式，对数据进行视觉表现。视觉化在当时多用于科学研究，因而又被称为科学视觉化（Scientific Visualizaiton）。它的研究对象是诸如天气数据的数据集，将这类物理模拟数据转换为数字化图像的视觉信息，如图2-1所示的全球地表温度异常图。因此，“信息可视化（Information Visualizaiton）的定义是指以增进认知为目的，使用计算机支持的交互方式，对抽象数据进行的视觉表现”①。

“数据可视化（Data Visualization）是数据的视觉表现，或可视化数据的实践。普通形式包括饼形图（pie charts），柱形图（bar graphs），线形图（line charts）等。”②如今，信息可视化中的数据可视化，尤指复杂数据的关系和趋势，多用于金融分析、医疗数据、科学研究、市场趋势等。例如图2-2所示为行业估值计算器，用交互的方式揭示出2002年至2009年期间美国各行业部门的综合财政分析。

映射（Mapping）来源于地图制图学、测量学和摄影测量学，指的是地图的绘制。映射成为信息可视化的一个发展方向，“目的是使复杂信息可及化、隐藏的信息可视化、不可映射的信息映射化”③。从地图和空间结构图的基础发展到现在，映射图几乎能将所有的事物进行可视化，大到国际关系、全球金融风暴，小到营养食谱、人们谈话的主题（图2-3）。

基于地理信息的映射具有极大的商业价值。 网络信息服务和产品销售是一个高度竞争化的商业领域。这些公司极大地依赖反映各种关系的映射地图，以便充分掌握区域用户及整体市场的消费喜好、消费能力、消费趋势。如图2-4所示反映了中国消

① Benjamin Jotham Fry,"Computational Information Design," Ph.D.diss., MIT, 2004, pp. 39-41.

② Jason Lankow, Josh Ritchie and Ross Crooks, Infographics: *The Power of Visual Storytelling*, (Hoboken, New Jersey: John Wiley & Sons, Inc., 2012), p. 20.

③ Janet Abrams, Peter Hall, eds. *Else/Where: Mapping New Cartographies of Networks and Territories*, (Minnesota: University of Minnesota Design Institute, 2006), p. 12.

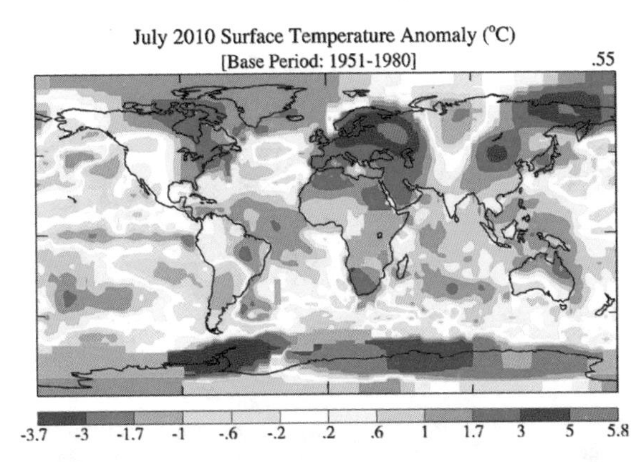

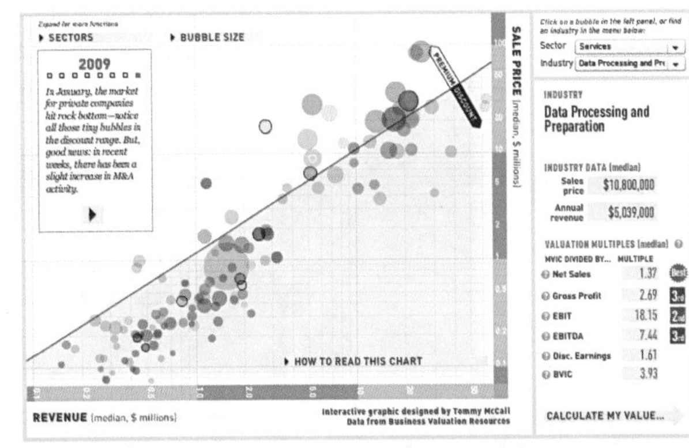

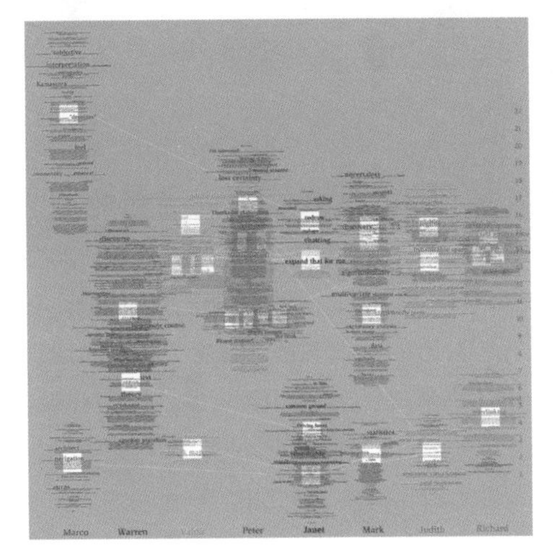

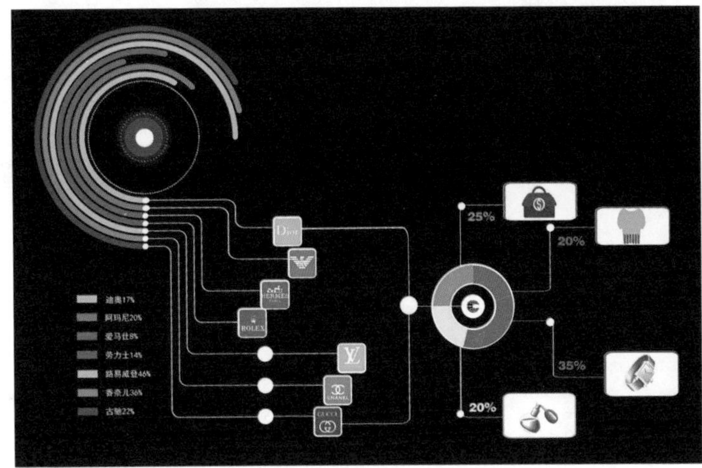

费者最青睐的世界奢侈品及消费品类别所占比例。

近几年流行的信息图表（Infographic）是英语单词“信息”和“图形”（information graphic）的简称。简单地说，信息图表综合利用视觉图形来表现信息，清晰、高效、便捷地传达信息。信息图表的范围广泛，其中的大部分涉及用图表来叙事。例如，图2-5所示，用图形图表讲述了废旧汽车的回收率和相关的各种数据。最近出现的一个概念“编辑信息图表（Editorial Infographic）是用于印刷、在线出版，或者是博客的信息图表”[4]。人们发现，新闻报纸几十年来使用的这些信息图表和图解，最近在网络上发展了新的生命形式：在线营销和品牌推广。不少公司运用内容营销，把客户注意力吸引到公司博客，使其参与到公司的活动，以巩固品牌的识别与认可程度。如图2-6所示，Netflix公司将如何邮寄租赁电影DVD的过程用流程图表的形式表现出来。

这三个术语相互之间有交叉，有时它们之间的界限不甚清晰。但总的说来，数据可视化偏重抽象复杂的数据，映射更多地与空间以及由空间延伸出来的各种关系相关，而信息图表则侧重于叙事性的内容、出版编辑、营销、品牌推广的商业领域。“它们的共性主要是关注作为一种对非物质功能与信息之间关系的‘形’的设计和表达。”[5]

下面的内容将探讨信息图表和数据可视化的设计方法。

图 2-1　全球地表温度异常图
图 2-2　行业估值计算器
图 2-3　交谈地图
图 2-4　最受中国消费者青睐的世界奢侈品及消费类别

④ Jason Lankow, Josh Ritchie and Ross Crooks, *Infographics: The Power of Visual Storytelling*, p. 21.

⑤ 鲁晓波：《飞越之线——信息艺术设计的定位与社会功用》，第124页。

图 2-5 废旧汽车回收图表
图 2-6 Netflix 公司DVD 邮寄租赁流程

2.1.2 信息图表的维度

对于信息图表这种以叙事为主的可视化图形图表，理解它的结构，首要问题在于把握信息的维度（Dimension）。什么是维度？这里维度不只是我们平常所理解的空间、面积的大小、尺寸等物理量，在信息图表中，维度是指用以划分信息范围的最小数目的信息属性或坐标。它可以是时间、地点、数字、程度等。信息的维度决定了“信息的清晰度”和“数据密度”[6]。另一个术语是数据的变量（Variable）。变量是在给定的维度范围内变化的数值。变量通常与由于时间推移或空间差异产生的数量、地点、关系的变化相关，一种维度中可以包含一种或多种数据变量。让我们先来看看下面的例子。

如图2-7所示，法国工程师 Charles Joseph Minard 设计的拿破仑俄战统计图表被 Tufte 称为“可能是有史以来最好的统计图形”[7]。这张绘于1869年的图表，结合了数据地图和时间序列，描述了1812年拿破仑俄罗斯战役的一连串惨重的损失。图表开始于左边，波兰与俄罗斯边界的涅曼河附近，厚厚的浅褐色粗线显示，1812年6月，军队入侵俄罗斯时的盛大规模（422000人），整张图上，带状线条的宽度表示在每个地点的军队人数的规模；9月到达莫斯科时（图的右上角）军队因解散和离

⑥ Edward Tufte在Envisioning Information一书中提出不同的设计策略，用以提高纸和视频画面的信息清晰度（Information Resolution）。数据密度（Data Density）是每单位面积的信息量，参见Edward R. Tufte, *Envisioning Information*, (Cheshire, Connecticut: Graphics Press LLC, 1990), p. 12。

⑦ Edward R. Tufte, *The Visual Display of Quantitative Information*, (Cheshire, Connecticut: Graphics Press LLC, 2001), p. 40.

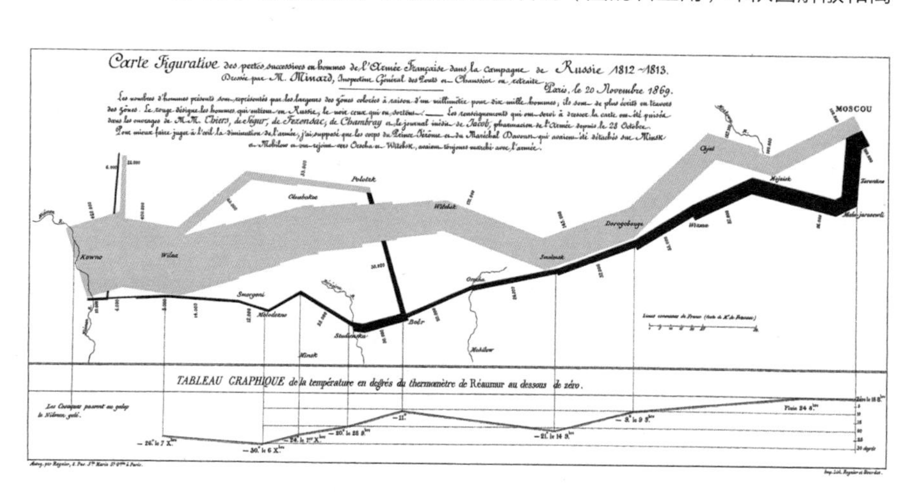

图 2-7 拿破仑俄战统计图表

弃剩下100000人；在浅褐色线条下面，一条黑色线条表明回程中军队因寒冬遭受的重创；黑色线条和图表底部的温度刻度与日期连接起来。图表清楚无误地表明，穿越贝尔齐纳河是一个惨烈的灾难，温度突然降到零下20摄氏度，军队在那个地点损失了22000名战士，最终挣扎回到波兰的仅有剩余的一万人；图表同时显示了辅助部队的动向，它们分别被安插在向前推进的军队的后方和侧翼，在军队回程途中与主部队汇合。Minard的图表用多元数据讲述了一个丰富的、连贯的故事，给人的启发远比简单的数字更加直观、深刻。

如表2-1所示，拿破仑俄战统计图表提供了四个维度的信息：时间、位置、事件、温度，六个变量：沿路撤退日期（和温度联系）、军队在某特定日期的地理位置、军队规模、行军方向（前进和撤退）、分支部队的分开和汇合、不同日期的温度（和军队人数突然下降联系）。因此，这是一张多维度、有着多种变量的图表，是基于地理空间的时空叙事图表"，它的多元复杂性被巧妙地融合到"图形结构"[8]（Graphical architecture）之中。

⑧ 本文理解"图形结构"是信息维度的同义语。参见Edward R. Tufte, *The Visual Display of Quantitative Information*, (Cheshire, Connecticut: Graphics Press LLC, 2001), p. 40。

Minard拿破仑俄战统计图表的信息维度与数据变量　　表2-1

信息维度	数据变量
时间	沿路撤退的日期（和温度联系）
位置	军队在某些特定日期的地理位置
事件	军队规模、行军方向（前进和撤退）、分支部队的分开和汇合
温度	不同日期的温度（和军队人数突然下降联系）

没有时间维度的图表，其维度关系较为容易把握。"中国风格"[9]项目中大量使用了两个维度的图表陈述研究数据。图2-8所示"冰箱放置环境——厨房环境背景主色彩归类"，简单列举了两个属性的维度：色立体和厨房图片。用垂直连线的方式，将厨房的主色彩指向色立体的对应位置，直截了当地显示中国家庭厨房主色彩归类的分析结果：通过随机调查了80组厨房图片，显示32%的厨房家具为高明度色彩，42%为木色，32%为黑白极色，18.8%为暖色系，11%为冷色。

⑨ "中国风格"是2006年LG与清华美院的一项产学研合作项目。项目通过研究中国用户对白色家电的颜色喜好，家居环境等发展趋势及对白色家电的影响，进行家电新颜色研发；调查分析中国用户喜爱的图案、传统纹样，进行新图案的研发设计等；确保LG家电的设计在中国市场的优势。参见黄海燕、鲁晓波、焦锐：《产学研合作项目——中国风格图案设计案例分析》，《创新+设计+管理：2009清华国际设计管理大会论文集》，2009年版，第26-37页。

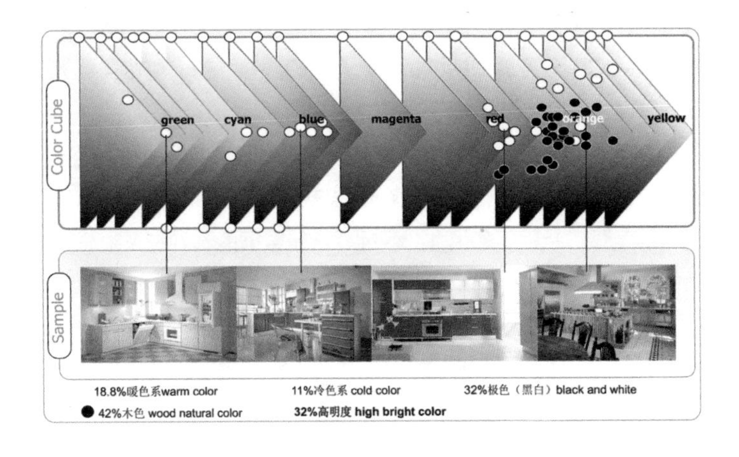

图2-8　厨房环境背景主色彩归类

图 2-9 基因重组技术及其应用领域

除了揭示具体的数据，信息图表也常常用于反映事物间的复杂关系。线状网络是一种通过网络状连线，体现复杂系统相互作用和关系的图表形式。对于此类图表，信息维度的结构性特征体表现得更加明显。如图2-9所示，基因重组技术及其应用领域，根据设计意图，为清晰地表现基因技术和应用之间的复杂关系，将图表划分出三个维度：基因序列（病毒、人、动物、植物）、九种领域突破性的基因重组技术、基因工程应用领域。图表用不同的颜色：橙色、紫色、蓝色、绿色，按从外至内的顺序，分别代表了病毒、人类、动物、植物的基因序列；每个基因序列的圆圈用较大的同色圆点表示基因重组技术（病毒基因组的重组技术4种：Gene Therapy、Shotgun Sequencing、Transgenic Microbes、Pathogen-derived Resistance，人类基因组重组技术1种：Virus Insertion，动物基因组重组技术2种：Transgenic Processes、Cloning，植物基因重组技术2种：Biolistic Transformation、Agrobacterium）；白色外圈及文字代表应用技术，大号文字是主要应用领域，小号的文字是其应用分支。通过连线清晰地呈现出病毒、人、动物、植物的基因技术的应用及其相互的联系。例如，人、病毒和动物的不同基因重组技术都指向疫苗（vaccines）的应用领域。

信息图表是否具有清晰的结构取决于它的信息维度，有多少种维度就意味着图表中会有多少种信息类别。信息图表还包括数据的采集、组织、过滤、挖掘、呈现等。如何将图表的信息维度表现为合适的形式，还涉及视觉语法与视觉变量。

2.1.3 数据的组织结构

如果可视化设计的对象是复杂、抽象的研究数据、金融数据，这就需要用到数据可视化。进行数据可视化设计，需要从理解数据的组织结构开始。数据本身有一个内在的结构。数据结构可分为组织结构和与之对应的表现结构。对这些结构的分类分析将有助于设计师选择最合适的数据表现形式。

如图2-10所示，数据的组织结构分为七种：线性、维度图表、层级、流程、网络、物理属性，图形[⑩]。这里的“维度图表”的“维度”和上节所讲的“维度”并不冲突，这里的维度同样是指信息属性或坐标，它是数据的一种主要组织结构，针对的对象是更为抽象的数据。每种组织结构可以包括若干表现形式。表2-2左边列出了七种组织结构，右边对应的是该组织结构可能的表现形式[⑪]，据笔者在2008年博士研究期间的整理，共有38种[⑫]。组织结构可以理解为数据底层的结构，任何数据表现形式大多都是在其基础上发展而来的。

⑩ 参见[美]Jenifer Tidwell:《Designing Intrefaces》，De Dream’译，北京，电子工业出版社，2008年版，第162页。作者 Jenifer 将数据组织模型分为：线性、表格、层级、网络、地理、其他六类，本文在此基础上发展为七类结构。

⑪ 参见 Benjamin Jotham Fry, “Computational Information Design,” Ph.D.diss., pp.105-108. Benjamin总结数据的表现形式分为22种。

⑫ 根据 Benjamin Jotham Fry总结的22种数据的表现形式，笔者进一步补充了16种新的表现形式，参见黄海燕：《信息导引模式与设计研究》，清华大学文学博士学位论文，2009年7月，第68页。

线性：列表/清单/单变量图表

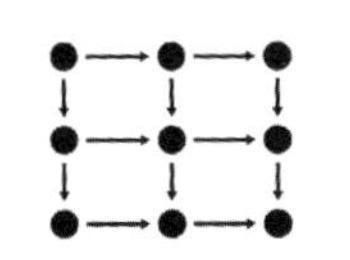
维度：电子表格/多栏表格/多维度表格/多变量表格

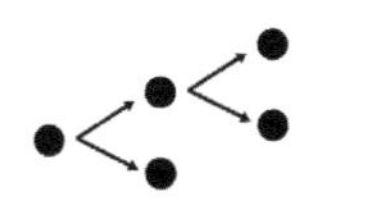
层级：树形/层级列表/层级图表有向图

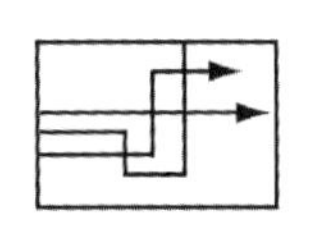
流程：流程/进度图

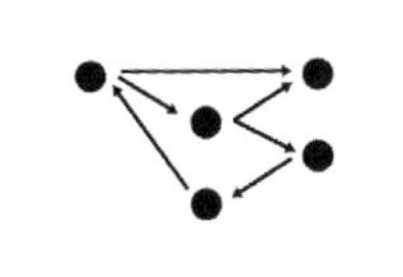
网络：关系图/组织图

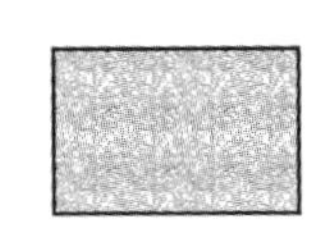
物理属性：地图/模型

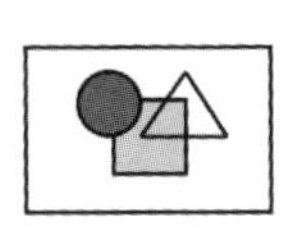
图形图表

图 2-10　数据的组织结构

数据的组织结构和表现形式　　表2-2

数据组织结构	数据表现形式
线性（Linear）	1. 列表/清单（list） 2. 单轴图表（linear graph）
维度（Demension）	3. 表格（table） 4. 点状图（scatter plot） 5. 线图（line graph） 6. 条形图（bar graph） 7. 饼图/扇形图（pie chart/sector diagram） 8. 星图（star plot） 9. 箱线图（box graph） 10. 数值矩阵（numeric matrix） 11. 半矩阵（half matrix） 12. 柱形统计图（histogram） 13. 排列矩阵（permutation matrix） 14. 平行坐标/放射平行坐标（parallelcoordinates/ radial parallel coordinates） 15. 测量图/表格透镜（survey plot/ table lens） 16. 脸型图（chernoff faces survey） 17. 视觉差异图（visual diff ） 18. 平行连接图（parallel connection） 19. 视图转换图（view transition） 20. 坐标属性图（coordinates property）
层级（Hierarchy）	21. 树形图（tree） 22. 树表（tree graph） 23. 块状关系树图（tree map）
流程（Process）	24. 有向图（directed graph） 25. 流程图（flow chart） 26. 进度表（process chart）
网络（Web）	27. 线网网络图（line network） 28. 系统树图（dendrogram）

续表

数据组织结构	数据表现形式
物理属性（Physical Property）	29. 地图（geographical map） 30. 热量图（heat map） 31. 二维三维等高图（isosurfaces） 32. 橡胶片图（rubber sheet） 33. 性能图（performance chart） 34. 结构图（structure diagram） 35. 曲面图（mesh plot） 36. 模型（model）
图形图表（Graph）	37. 图形（graph） 38. 思维导图（mind map）

例如图2-11所示基因树形图，属于层级的组织结构，用于表现人群的基因关系的树形分支。图2-12所示是由 George G. Robertson，Jock D. Mackinlay 和 Stuart K. Card绘制的圆锥树图，显示出数字图书馆的信息结构，圆锥树图由层级的组织结构发展而来。图2-13所示的块状关系树图，1992 年由 Ben Shneiderman 发明，后来成功地在 Martin Wattenberg 的市场分析地图中得以使用并推广开来。每个区块中的小方块以面积表现出其在该部分所占的股票份额，因此树图是以空间面积来表现信息层级的图表。图2-14所示是由 Phillip H. Smith 发明的史密斯图表，该图表基于坐标系的维度来组织结构，用于表现电气与电子工程师的专业无线电频率的图形辅助和列线图[13]的多种参数。

⑬ http://en.wikipedia.org/wiki/Smith_chart

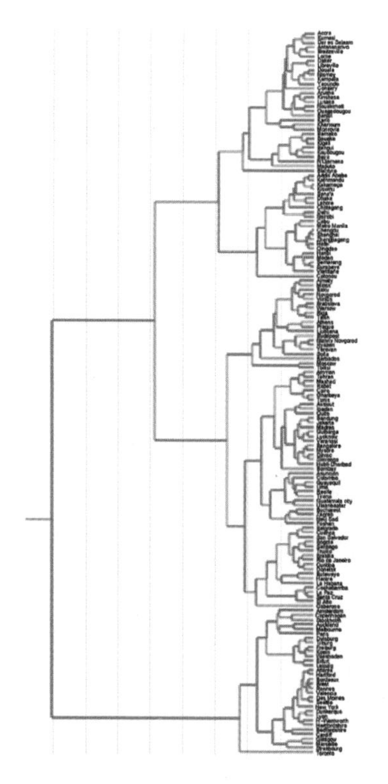

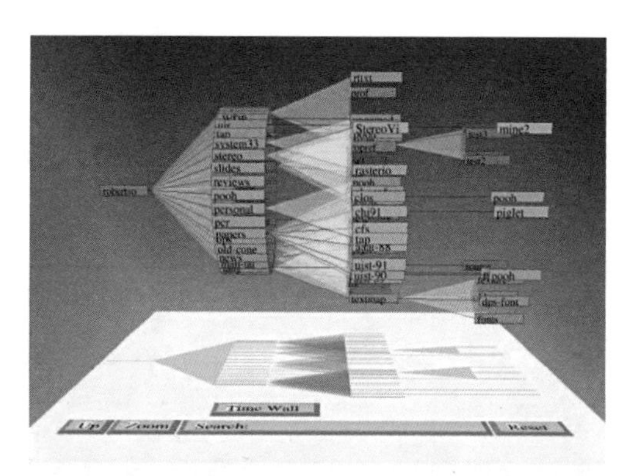

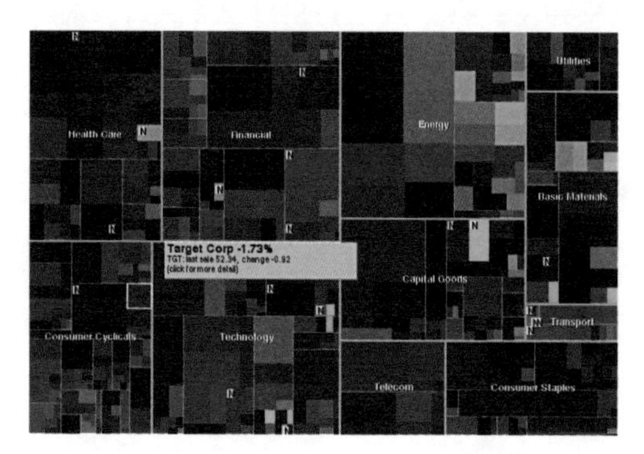

图 2-11　基因树图
图 2-12　圆锥树图
图 2-13　块状关系树图

2.1.4 科学性与装饰性

信息可视化究竟应该设计成什么样，对此设计界一直存在着较大争议，争论的两极分别是：以认知和理解的科学性为前提，还是以美化和修饰的装饰性为前提。

持有第一种观点的代表人物是久负盛名的 Edward Tufte。他创造了两个广受欢迎的术语："Chartjunk"⑭和"Data-ink Ratio"⑮。他认为，任何图形元素，如没有传达具体的信息，即是多余的，是应该省略的。那些 Chartjunk 所指的不必要的线条、标签或装饰图形，只会转移观众的注意力，误导数据，耗费更多的阅读时间，从而降低图形的完整性，降低其价值。在他眼里，设计应当是合理的、逻辑的、科学的，"好的设计是无形的"，"是有焦点的数据，而不是数据容器"⑯。

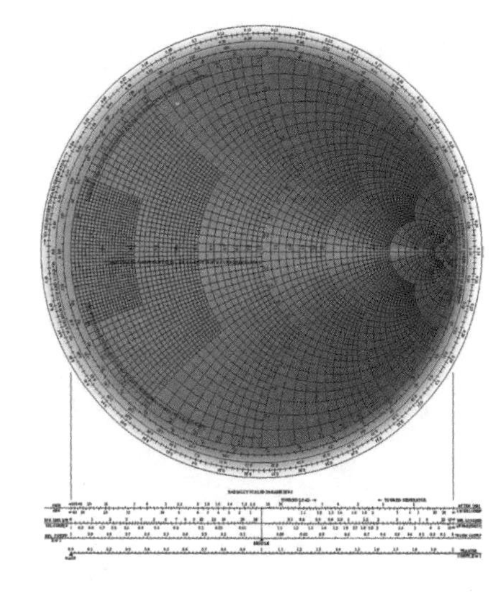

图 2-14 史密斯图表

⑭ Chartjunky（图表垃圾），指没有传达信息的不必要有的图形元素。

⑮ Data-ink Ratio（数据墨水比），测量图形传达的信息量。

⑯ Edward R. Tufte, *Envisioning Information*, p. 33.

这种观点的另外一端，指向了英国平面设计师奈杰尔·霍姆斯（Nigel Holmes）。他的设计和观点完全偏向装饰性，通过给数据大量添加插图和趣味性的装饰，达到美化图表设计的目的。霍姆斯在20世纪80年代为 Time 周刊设计社论编辑插画。不少设计趣味性地解释数据，添加的插画有着丰富的联想性，令人忍俊不禁、印象深刻（图2-15）。"霍姆斯的设计支持使用插图和视觉隐喻，以烘托和加强主题，这种观点使得图形对观众富有吸引力。"⑰

⑰ Jason Lankow, Josh Ritchie and Ross Crooks, *Infographics: The Power of Visual Storytelling*, p. 36.

一边是严谨的科学性，一边是有趣的装饰性，这两种观点到底哪种正确呢？笔者的回答是，依具体情况而定，如果设计者有着明确的设计目标和用户群并有针对性地开展设计，那么这两者都正确。所有信息可视化，都旨在传达信息，设计目的不同决定了设计的优先事项不同。科学视觉化侧重知识的理解和探索，它的受众是学术、科研、教育人员，设计的数据内容是冷静、客观的，希望观众深度参与，形成各自的观点；编辑信息图表的受众是新闻、时事、出版业的信息消费者，它好比信息消费的快餐，目标是在最短的时间内吸引读者，内容是叙事性的，有预期的结论，并为读者推

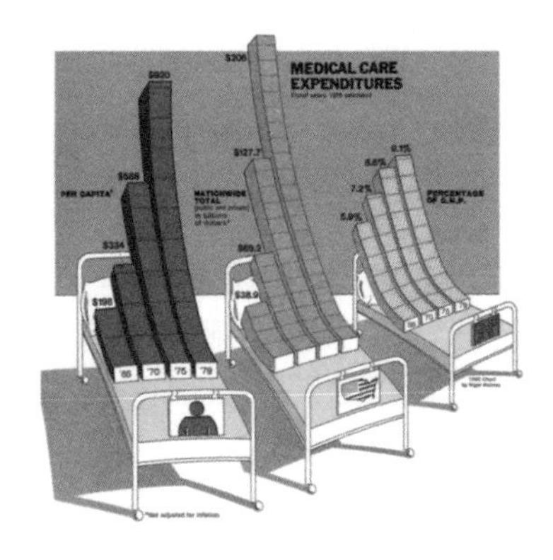

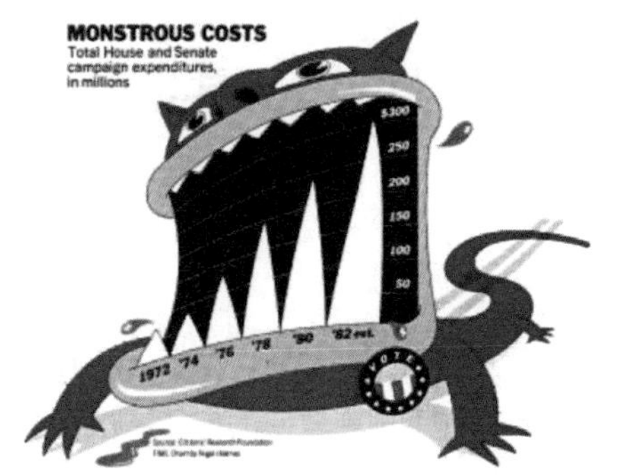

图 2-15 霍姆斯的图表设计

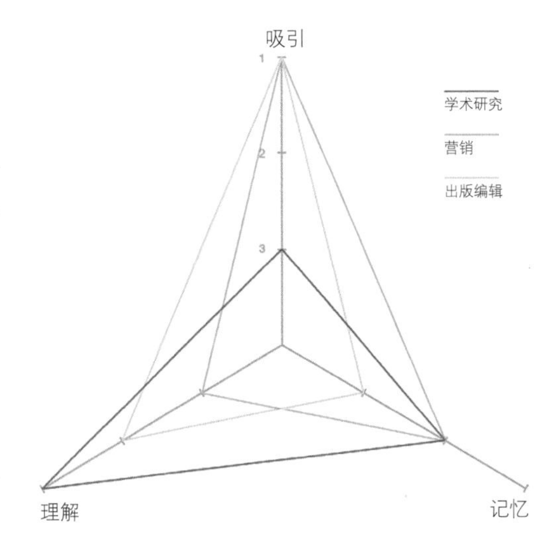

图 2-16 "理解"、"吸引"、"记忆"三个信息图表的设计目标

送配制好的信息、观点和价值取向。这一点与商业营销的信息图表有着共同之处。

图2.16[18]所示以三轴为维度，分别代表“理解”、“吸引”、“记忆”三个信息图表的设计目标，红色、蓝色、黄色分别表示学术科研、营销和出版编辑三个应用领域。红色连线形成的三角形代表学术科研，以理解为首要目标，记忆次之，最后才是吸引，说明科学可视化图表强调用户对知识的理解；蓝色连线的三角形表示营销领域，它的首要目标是吸引，然后是记忆，最后才是理解，显示出针对营销的设计需要以吸引为首要优先目标，并希望观众记住营销内容；黄色的三角形代表编辑领域是一个稍微不同的组合：吸引、理解、记忆，说明出版编辑领域也以吸引为首要目标，有了强烈的兴趣才可能开始理解的过程。这也说明了铺天盖地的广告、营销、海报、杂志，书报亭，是以争夺受众的注意力为目标，进而实现下一步潜在的商业利益——提高销售。

如果有着同样的数据内容，偏重科学性和偏重装饰性的设计，哪种更能让观众印象深刻呢?“从 Saskatchewan 大学最近的一项研究表明，观众更喜欢使用插画的视觉陈述方式。”[19]因为插画的形式更富有吸引力，更能激发观众阅读的兴趣。

这样的分析结论，似乎还应该加上一个条件限制：图表必须简单到二维图表，具有插画形式的图表才能够比另一个平淡无奇的图表更加有趣。而且，给图表添加隐喻性插画或装饰，往往还存在一定的风险：没有经验的设计者经常会发力过猛，弄巧成拙，由于添加的装饰过于有趣，观众反而会对数据产生歧义，从而分散对实际信息的注意力。于是，Chartjunk 就这样产生了。为此，我们还应该在设计方法中列上一条：合适的装饰性元素有一个“度”，它是吸引力和理解力之间的平衡，它根据每个信息图表的具体情况而变化。然后，再附上普金（Pugin）的警告：“给结构加装饰是可以的，但是绝不能建造装饰”。[20]

⑱ Jason Lankow, Josh Ritchie and Ross Crooks, Infographics: *The Power of Visual Storytelling*, p. 38.

⑲ 测试过程是用一个简单的图表和一个由上述Holmes绘制的插图同时陈列，参加者在不同的测试领域一致选择Holmes的版本。参见Jason Lankow, Josh Ritchie and Ross Crooks, *Infographics: The Power of Visual Storytelling*, p. 42.

⑳ Edward R. Tufte, *Envisioning Information*, p. 34.

2.2 地图与手册

地图与手册是信息设计和平面设计交叉的领域，涉及多种表现媒体，有纸质印刷品，也有数字化显示的图片和图表，或是手机中的电子地图、GPS 导航仪设备的界面等。

2.2.1 易读性与可读性

当信息设计用于解决平面设计的问题时，易读性成为设计的首要原则。

人们常常把易读性（Legibility）和可读性（Readability）相混淆。其实，“易读性是信息能够被感知的容易程度，可读性是信息能够被理解的容易程度”[21]。也就是说，可读性指内容是否能够被容易理解，涉及文字语言内容是否简洁易懂、图标上的图形设计是否合理，没有歧义；易读性和信息呈现的形式是否能被人容易察觉相关，信息的外观和形式包括字体、字大小、字粗细、颜色、版面布局、形状大小、材质等方面，其设计能否清晰、突出重点、层次分明。

我们对平面纸质或屏幕介质的感知是一个随着视线扫视和浏览的过程。人们只在集中注意力的短时间内聚焦信息。如果应该突出的信息不突出，我们的注意力很容易忽视此信息而转向下面的信息，在匆忙的情况下更是如此。其实，人的大脑具有某些特性称为前注意属性，即我们的眼睛能够迅速地感知差异（250毫秒），然后大脑用令人惊叹的速度识别和处理这些视觉的差异，称为前注意加工[22]。这个过程是如此短暂，尽管我们根本没有意识到自己正在这样做。这说明，设计者可以利用这种前注意属性和前注意加工的生理特点，来设计视觉信息以实现高效的信息传达。

颜色在前注意属性的识别范围之内。利用颜色对比和易读性关系，我们可以获得更清晰易读的文字、图形和版面整体效果（图2-17）。颜色对比经常和信息的等级、文字、图形所占的版面大小结合使用。优先等级越高的信息，色彩的明度反差越大，反之则反差越小（图2-18）。

过度装饰的字体只适合版面没有别的信息的情况，除此之外，字体边缘形变化较小的字体比变化较多的字体有更高的易读性，如图2-19所示，英文 Helvetica 字体输入的“Legibility”比下面四行字体有着更高的易读性；中文黑体字体比其他字体有着更高的易读性。关于字粗细问题，太粗或太细的字体，都没有较好的易读性，具体的粗细应当看版面和文字块大小所占的比例而定。

尽管1960年欧洲的易读性研究结论显示了众所周知的事实：当每个名字或句子以大写字母开头时，名字的可识别性明显地增强。但在此前后，却因为首字母的大小写的设计问题发生了一个曲折的故事。1920年，Walter Portsmann，一位德国工程师，出版了名为 Sprache und Schrift（演讲与写作）的论文，从中指出只使用小写字母的优势，主要是更高的效率。那个时代的平面设计师采纳了

[21] Paul Arthur and Romedi Passini, *Wayfinding: People, Sign, and Architecture*, (Whitby, Ontario: McGraw-Hill Ryerson, 1992), p. 50.

[22] 参见Jason Lankow, Josh Ritchie and Ross Crooks, *Infographics: The Power of Visual Storytelling*, p. 45.

易读性	色彩混合
很好	• 黑与白
	• 黑与黄
好	• 深蓝与白
	• 白与黑
	• 黄与黑
	• 绿与白
一般	• 红与白
	• 红与黄
	• 橙与黑
较差	• 绿与红
	• 红与绿
	• 橙与白
很差	• 黑与深蓝
	• [illegible]

图 2-17　颜色对比与易读性
图 2-18　颜色对比结合信息等级、文字与图形大小

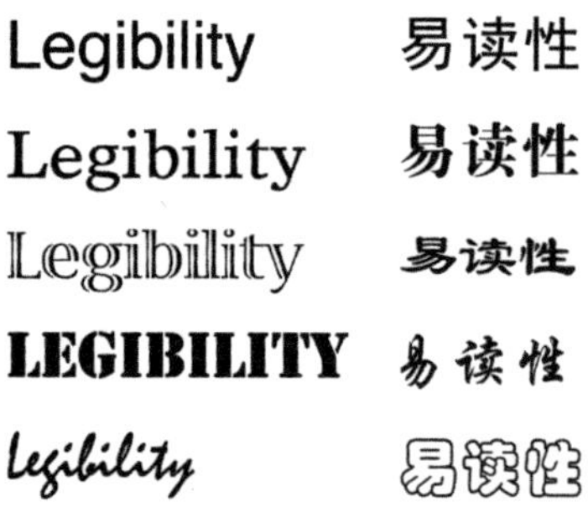

Legibility 易读性
Legibility 易读性
Legibility 易读性
LEGIBILITY 易读性
Legibility 易读性

图 2-19 字体的易读性

他的主张，但是在其中加入了他们自己的曲解：废除大写字母。1925年，包豪斯正式废除了大写字母的使用。这个教条后来被许多荷兰设计师采纳，包括 Piet Zwart 、Willem Sandberg 和阿姆斯特丹 Total 设计顾问公司的设计师们，后者在1967年设计阿姆斯特丹新 Schiphol 机场的标识系统时，仍然固执地坚持小写字母。当时，Schiphol 机场在设计时存在的另一个教条是认为图形图标只起到产生传播噪音的作用，故图形图标是劣于清晰的文字的。这套设计完工之后，事实证明，标识标牌的易读性差，导向效率低，而且经常容易引起歧义。直到1993年5月，阿姆斯特丹 Schiphol 机场进行了第二次导向系统的设计和施工，首字母大写又在机场得到恢复，大量的图形图标也得以出现。

最佳可辨识字体大小，取决于不同载体的形式，也依人的视力情况而定。印刷媒体和数字界面都是以平面版式的方式呈现，但二者之间存在有具体的差异。苏黎世制图学院的 Bernhard Jenny、Helen Jenny 和 Stefan Räber 在进行纸质地图和屏幕地图的研究[23]后指出：①屏幕的分辨率决定了屏幕可视细节的程度。在 96 像素每英寸（dpi）的屏幕上，平均像素约有0.26毫米的直径。②人在明亮的阅读环境中，以30厘米的阅读距离观看纸质地图，人眼能清楚分辨出的最小的物体经测量为0.09毫米，人在大约60厘米的距离观看电脑显示器，双倍的观看距离加倍了最小可分辨物体的尺寸，即大约0.17毫米，比 96 dpi 分辨率屏幕的一个像素大小0.26毫还要小很多（图2-20）。 这个结论说明，0.1毫米的黑色最细线条，应该被建议为字体或线条的最小可分辨尺寸；一个像素比真实空间中的最小分辨物体要显得大很多。对于屏

[23] Bernhard Jenny et al., “Map design for the Internet,” in Michael P. Peterson ed., *International Perspectives on Maps and the Internet*, (Berlin Heidelberg: Springer, 2008), pp. 31-48.

纸质地图
1/60'
0.09mm
30cm
屏幕地图
1/60'
0.26mm
0.17mm
60cm

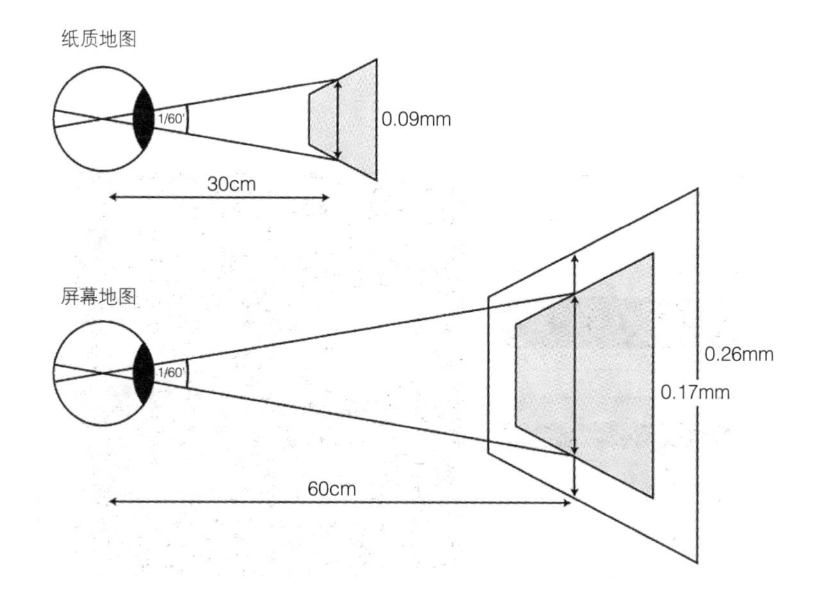

图 2-20 纸质地图和屏幕地图的最小区域可分辨尺寸（上：30 厘米阅读距离下人眼可分辨纸质地图的最小区域；下：60 厘米的观看距离下，一个像素比人眼可辨别的最小区域要大很多）

幕载体的设计，宜减少线条中点的密度提高屏幕的易读性。

因此，相较于纸质图形设计的高精度，网络图形的设计应降低分辨率，这样才能减少线条中点的密度，降低锯齿，提高屏幕的易读性。网络地图的字体设计不应小于12点。对于易读性好的字体，也可以有例外，用10或11点。

在设计中有意识地结合格式塔[24]原则，往往能够更好地处理版面的视觉层级关系。完形律是格式塔心理学家最为重要的知觉组织原则，格式塔心理学家还提出了一些其他的组织原则。其中一些原则适用于版面布局设计。它们是接近律（the law of proximity）：空间距离最近的点容易被知觉为一个整体；相似律（the law of similarity）：外形相似的一列图形被知觉为一个整体；连续律（the law of good continuation）：人们倾向于把那些经历最小变化或阻断的直线或圆滑曲线知觉为一个整体；闭合律（the law of closure）：一个不完全图形有被补充为一个完全图形的倾向[25]。这些原则大量存在于设计之中，我们平时已经在自觉不自觉地运用它们。如图2-21所示，这是两份风格完全不同的设计师创意简历，但都很好地运用了接近原则，来处理行间距、段间距，让段与段之间形成板块、板块与板块之间形成层级和主次，让版面在松紧、虚实、大小的对比节奏中呼吸起来。

[24] 格式塔一词是德文“Gestalt”的译音，意为“完形”（动态的整体）。格式塔心理学是20世纪初期兴起于德国的一个重要的心理学流派，它展开了关于知觉分割和知觉组织的研究。

[25] ［英］M.W.艾森克、M.T.基恩：《认知心理学》（第四版），高定国、肖晓云译，上海，华东师范大学出版社，2004年版，第37-38页。

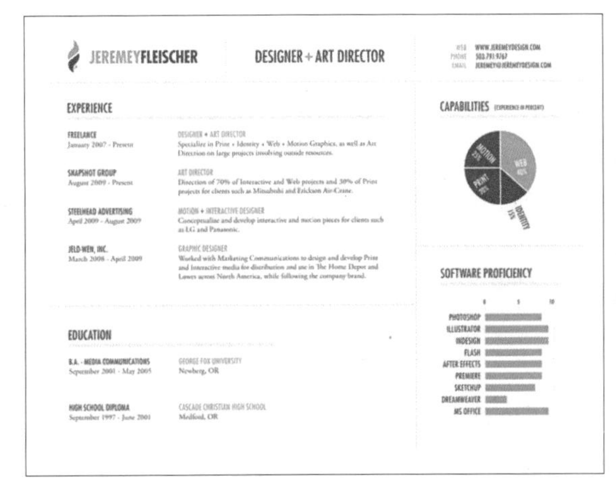

图2-21 设计师创意简历

2.2.2 图形变量

在易读性原则指导下，开展具体设计，则需要进一步深入了解视觉的编码规则。图形变量，也被称为视觉变量，是视觉信息的基本元素，也是设计者可以掌握的视觉编码规则。这个规则最早是由法国地图绘制师 Jacques Bertin，在1973年出版的一本关于图形变量理论的书《Semiologie Graphique》中提出。在书里，他定义了视觉信息的基本元素和它们的共同关系。Bertin 区分了位置、大小、灰度、纹理、方向、颜色和形状[26]（图2-22）。其他视觉信息的元素（即视觉元素），还包括图像、影像、文字、线条等能被人感知的视觉单元。

[26] Paul Mijksenaar, *Visual Function*, (New York: Princeton Architectural Press, 1997), pp. 38-39.

他认为，每种变量都有其擅长表现的属性，也会受到自身属性的限制。例如，单调的数字可以准确反映数量，但不足以在视觉上体现出精确而显著的数量差异。如

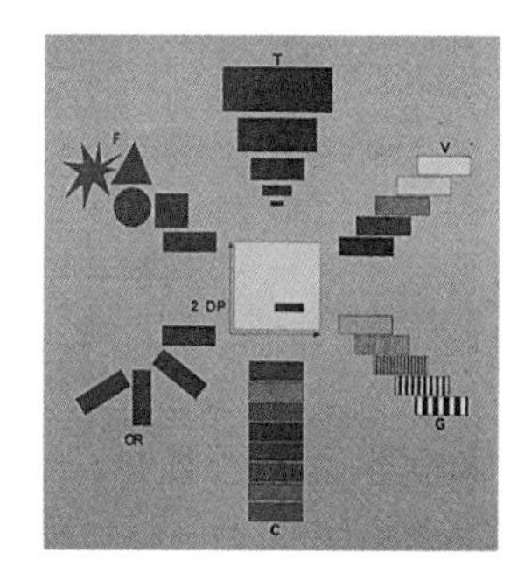

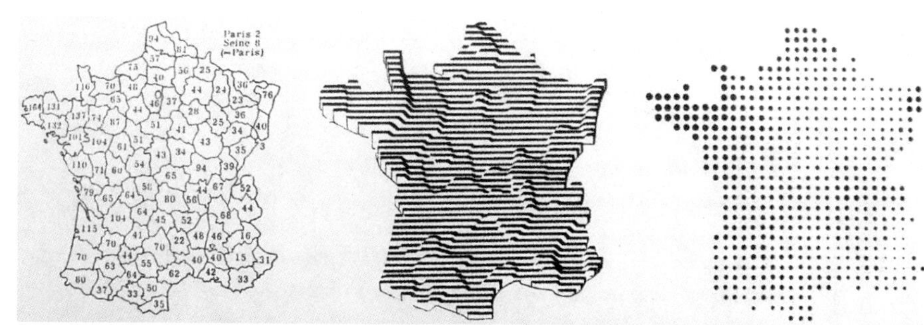

图 2-22 Bertin 的图形变量分类排列：位置（中心）、形状（上左顺时针起）、大小、灰度、纹理、颜色、方向

图 2-23 Bertin 的三个地图例子（左边是原始的社会统计数据图形，中和右两张图是两种不同的图形方法渲染相同量的数据）

图2-23的所示，用数据表示的社会统计数据图形并不能看出任何差异（图左）；用线条形状变量结合大小变量，能以立体方式直观地表现出量的多少（图中）；而以点形状变量结合大小变量，也能用疏密直观反映出数量的多少程度（图右）。实际上，颜色和形状并不表示量的差异，然而，它们却能有效地区分种类。设计师 Paul Mijksenaar 在 Bertin 原则上发展出一套实践理论，为设计者提供一套容易理解的、实用的指导方针。他提出将变量划分为两个种类：①区别变量（Distinguishing Variables），表示种类的不同；②层级变量（Hierarchical Variables），表示重要性的不同[27]。确实，这样的划分很有必要。人们也许没有充分意识到，在处理信息，包括日常很多事情的时候，都是先区分类别，再分出重要程度，即类型和层级。Mijksenaar 进一步指出，层级变量可用大小和强度来表达，区别变量则可以用色彩和形状来表现。此外，一些辅助视觉元素（表2-3），如区域颜色、线条、方框、文本属性（是否加粗、斜体等），起到强调和组织的作用，还能表达重要程度和种类的不同。

[27] Paul Mijksenaar, *Visual Function*, (New York: Princeton Architectural Press, 1997), p.39.

平面设计师使用的变体 **表2-3**

区别变量 （根据目录和种类分类）	颜色 插图 栏宽度 字体
层级变量 （根据重要性分类）	顺序位置（年表） 在页面上的位置（布局） 字大小 字粗细 行距
辅助视觉元素 （凸显和强调）	颜色和阴影 线条和方框 符号，标志，插图 文本属性（斜体等）

“我们可以用这种视觉细分法预先分析使用手册、控制面板、宣传册或杂志中的不同元素。以这种方法，你能在地图之前设计图例，在控制面板之前设计按钮和仪表，在应用之前设计操作说明。”[28]这样一来，每一种视觉元素都成为可以由设计师掌控的编码。这些视觉元素共同构成了版面结构中的视觉层级（Visual Hierarchy）。

[28] Ibid. pp. 39-40.

视觉层级的概念普遍运用在各种形式的图形设计、手册设计、界面设计中。通过视觉变量（大小、颜色、字粗细、空间位置等）重要的内容得到突出，而不重要的内容则退居其次，视觉层级决定了优先和非优先的视觉内容。合理运用视觉编码的规则，具有清晰视觉层次的信息或功能才会实现。

图2-24所示为 Yael Cohen 的 iPad 应用程序设计 Insect Definer（昆虫定义者）。这是一个交互式昆虫实地指导手册。应用程序以一个新的交互方式探索和体验昆虫的世界。应用程序的核心是用户可以搜索内容，用户通过搜索的方式，将产生与现有目录不同的新目录内容，不同种类的昆虫随之被揭示出来。这部视觉上几近无可挑剔的设计作品，用视觉元素构造了一个清晰的视觉层次，轻松驾驭了以色列地区昆虫的分布、种类和形态这样一个庞大而复杂的系统，展现了设计者高超娴熟的设计技巧、古典精致的设计风格，实现了信息形式与内容的完美结合。

当设计者开始设计这些视觉元素时，他们必须了解用户怎样理解这些元素的含义。此外，设计者还应注意到图形变量在不同设计领域有着不同的分类方法。除了位置、形状、大小、灰度、纹理、颜色、方向外，平面设计领域还将字体、字大小、字粗细、字间距、行间距、纯度（颜色饱和度）、透明度等也列入考虑范围。而地图绘制学，则基于真实地理属性，将位置排除到设计范围之外。

为了更好地把握图形变量的表现差异，笔者将图形变量按照类型、层级、数量属性进行了表达差异的列表分析[29]（表2-4）。类型体现质的差异，层级同时是顺序和程度的表现，数量当然体现量的差异。每种变量都显示出三种属性上强、中、弱的特性。例如形状能告知不同的类别，但本身不表示层级和数量，如要用形状来表示层级，必须结合位置、大小和灰度变量。

[29] 黄海燕:《信息导引模式与设计研究》，清华大学文学博士学位论文，2009年7月，第72页。

图 2-24　Yael Cohen 的 iPad 应用程序设计 Insect Definer

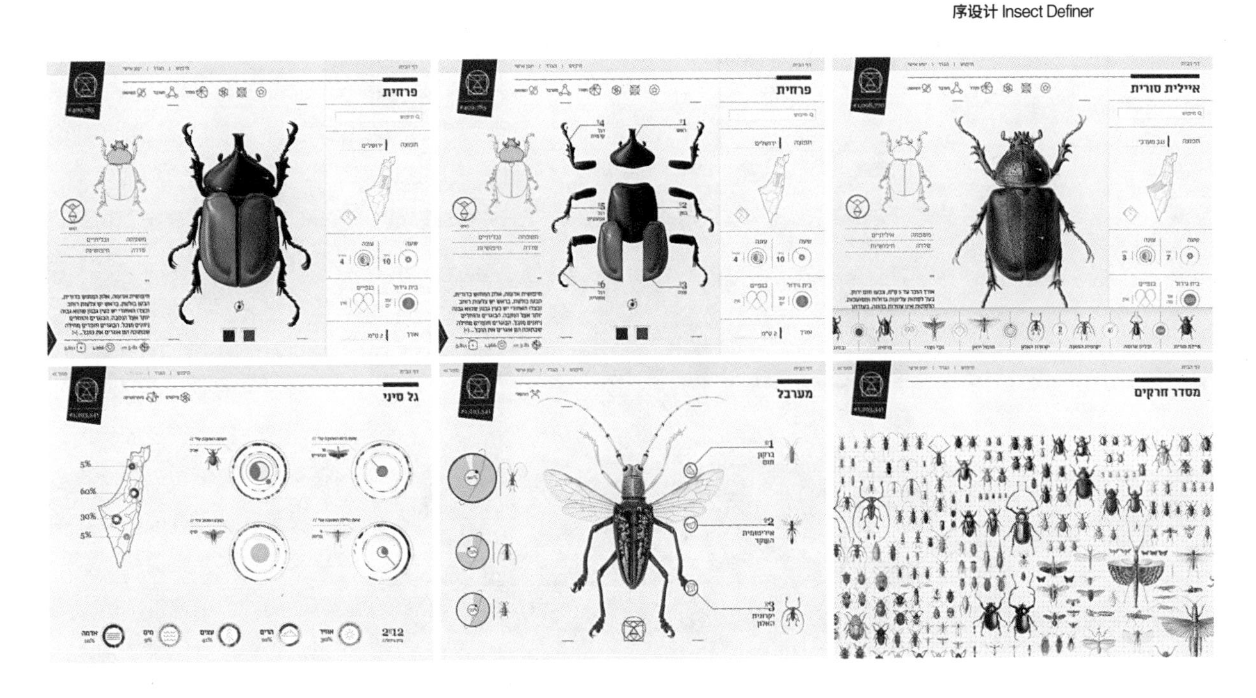

用Bertin的图形变量分析变量在类型、层级、数量上的描述差异　　表2-4

图形变量		类型（质的差异）	层级（顺序/程度）	数量（量的差异）
位置		○	●	●
形状		●	○	○
大小		○	●	●
颜色		●	○	○
灰度		⊙	●	○
纹理		●	⊙	○
方向		⊙	⊙	○

●强
⊙中
○弱

版面设计常常运用一种，或综合运用多种图形变量，如位置、大小（字体）；颜色和形状（符号），以划分类型、突出重点。例如报纸、出版物的标题区、颜色版块等，常常通过强化视觉变量来获得在版面上的视觉重点效果。例如，Rod Berg 的个人网站（图2-25）只使用一种字体设计，但通过运用字体的大小对比、粗细对比、空间对比，使文字块形成了点、线、面的对比效果，干净简洁的版面在视觉上充满了变化，这意味着，“字体更适合审美的图像创造，而不是作为不同功能的代表”[30]。

在日常设计中，颜色的分类属性得到广泛的运用。在杂志、报纸，以及交互电子表单、操作界面的设计中经常用到颜色条分栏、分区等。例如，世界各国的交通系统均利用颜色来识别、区

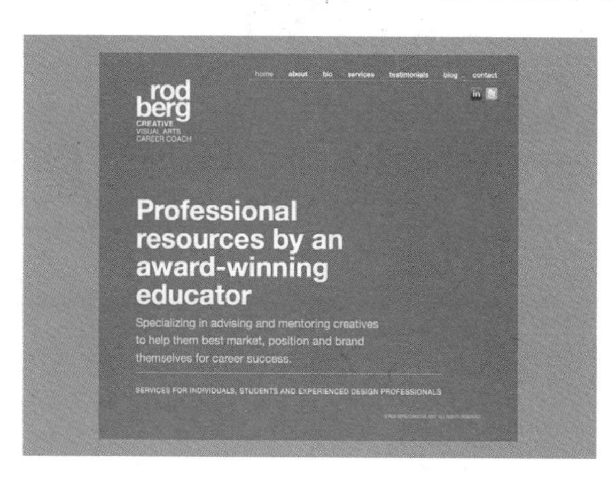

图 2-25　用同一种字体设计的个人网站

㉚ Paul Mijksenaar, *Visual Function*, (New York: Princeton Architectural Press, 1997), p. 41.

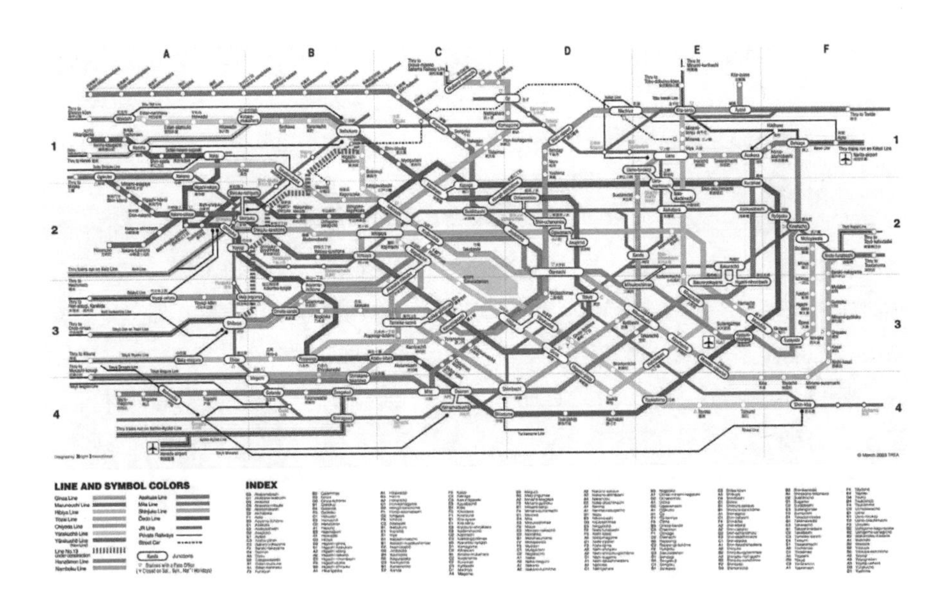

图 2-26　东京铁路地图

分不同的线路，日本铁路较早运用颜色区分线路，在人口密集的城市运输系统中，发挥了高效的疏导分流作用（图2-26）。

再如，高峰时候超市的排队付款是个让人不满的问题，而付款的柜台较多设计成很长的一排，这样顾客为了选择哪条队人更少，经常需要来回走动着比较。美国 Whole Foods 食品连锁超市，巧妙地使用颜色分类来组织排队等候付款的人群。准备排队时，顾客可以通过排队区悬挂的醒目颜色牌选择某一颜色的队列，在队伍最前端（颜色牌同一水平位置的后面），有一个电子显示屏幕，上面显示的颜色条块和实际的列队颜色完全一一对应。如果你选择蓝色，排到了队伍前端，电子屏幕的蓝色块上显示出你即将去付款区的柜台号码（图2-27）。这种方式，实际上把排队、付款分解成两个任务，由任务划分出两个集中区域（排队区、付款区），然后以颜色分类队列，可以说信息设计很好地解决了这两个问题。

设计过程实际上可以理解为，恰当运用包括图形变量在内的视觉元素进行编码的过程，这个编码的规则需要同时满足功能上的实用和效用，审美上的愉悦和简洁。强调和突出设计者想表达的主要信息，让次要信息退居其次，用图形本身说话，用图形的语言来表达信息的层次。

2.2.3　地图与映射

地图的概念不仅局限于地理方位的描绘和导向工具，它还是知识、力量、探索的象征。对此，Wurman 曾认为，“大多数事物都能够在‘地图’的帮助下找到，在这里‘地图’只是个类似的比喻，它给

图 2-27　美国 Whole Foods 食品连锁超市排队区域的颜色指示牌和指示屏

人们提供了共享他人感悟成果的手段。它是一种使事物更容易理解的模式；是一种符合事物内在规律、规则和尺度的精确并且可解释的形式”[31]。在这一层面上理解，地图就是一种信息的参照，不同形式的地图，使人们知晓自己与所需信息之间的相互关系，以便能更好地理解信息、提供指南、作出决策。

㉛［美］Richard Saul Wurman：《信息饥渴——信息选取、表达与透析》，第185页。

正如同“X体轴断层摄影是一幅人体的扫描图；食品清单是一幅包含食品店所有食品的地图；企业的年度生产表说明了产品生产情况；而一份贷款申请表则表示出了你的现状，以及你所渴望达到资产收益情况之间的发展线路。人们还可以把自己的想法和概念像地图一样绘制成图”[32]。如果广义地理解地图的概念，它几乎可以涵盖信息可视化的所有形式。上一节提到的映射，即是用绘制地图的方法映射人的所有活动疆域，包括地理、社交、网络、谈话、音乐等，具有不同类型和结构的信息能映射为不同的信息地图。本节将探讨反映物理空间的地图和映射事物关系的地图。

㉜［美］Richard Saul Wurman：《信息饥渴——信息选取、表达与透析》，第187页。

1. 反映物理空间的地图

Mark Monmonier 认为，“传统表现物理空间的地图有三个基本元素：比例、投影图、符号表征。每个元素都是个变形源”。[33]三者作为一个整体，缺一不可。它们说明了地图的表现功能和限制因素。比例是绘制地图、建筑、机械等图纸时，图上的长度与所描绘的实物长度之比。大多数地图比它们表示的实物要小，地图比例告诉了人们小了多少。地图可以用三种方式表示比例：数字比例、短句子描述、图形比例尺。数字比例如“1：20000”，短句子如“1厘米代表500米”，图形比例是标注有数字刻度和距离单位的简单图形。地图投影图，是将弯曲的、三维的地球表面投射到一个平展的、二维的平面，这就使地图比例极大地产生变形。符号表征即图形变量，是突出强调地图上的地点、事件等信息的表现方法，通过图形变量的编码，我们能够描述、区分这些地点和事件，在平面地图中存储和检索数据。

㉝ Mark Monmonier, *How to Lie with Maps*, (Chicago and London: The University of Chicago Press, 1996), p. 5.

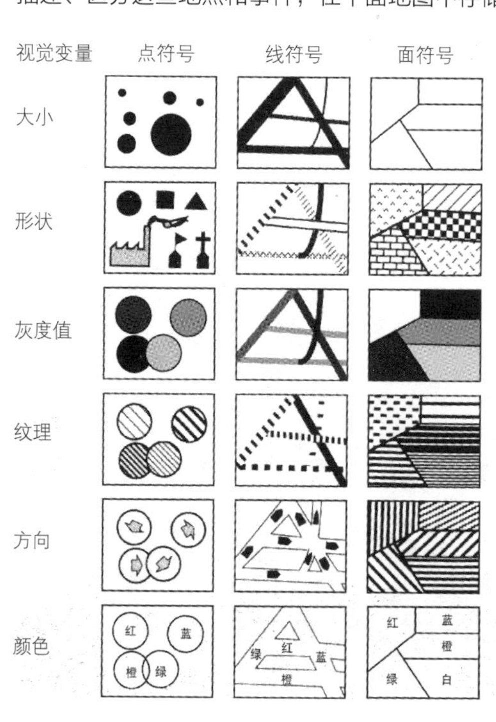

图 2-28　六种主要的地图视觉变量和三种符号变量

如同设计平面手册一样，设计和绘制地图是一个图形变量的编码过程，地图的编码要以易于用户理解和使用为原则。通过对信息进行分类、表现和传达、使人们获得对不能直接看到的辽阔和复杂地域的参照。设计良好的地图无疑能够提高认知的效率。除了六种视觉变量，地图的编码还包括三种几何图形符号的变量，如图2-28所示。这三种几何图形符号是图表中水平方向的点符号、线符号、面符号。“公路地图和其他最通用的地图使用这三种符号的结合：点符号标记出地标和村庄的位置，线符号显示河流和道路的长度和形状，面符号描绘出国家公园和主要城市的类型和大小。”[34]

每一个视觉变量擅长描述一种地理的差异。形状、纹理、颜色最适合表示质的差异，如一个保护区内的不同珍稀动物的差异。大小，更加适合表现数量的变化，如中国各个城市老龄人口的数量，因特网宽带速率等数量上的差异。而灰度值更倾向于描述比率或强度的差异，如世界各大城市的空气污染程度。在方向上变化的符号，最易于表现风、迁移流、部队调动和其他方向的事件。考虑到易读性和辨认的清晰程度，与背景对比弱的小面积的点符号和细线符号不适合表现颜色、纹理等差异。一些符号结合了两种视觉变量。例如，地形图的等高线同时包括方向和位置间隔。在地图主要信息和次要信息的表现上，宜主次分明。避免对符号的杂乱选择，设计过多的标签和带有歧义的信息。以下列出了几种综合运用视觉变量的具体情况[35]：

（1）点符号通常依赖形状表示种类的差异，并依赖大小显示数量的差异。图2-29所示美国单身图表，用红色和蓝色区分男女性别，用圆点的大小直观地表示出美国各地单身男女数量的多少，单身女性集中聚集区为东海岸纽约、新泽西、康州，波士顿、华盛顿等城市，单身男性集中聚集在旧金山、洛杉矶等西海岸城市，揭示出大城市单身男女更多、东西海岸单身男女比例失衡的事实。

（2）线符号通常使用颜色或纹理来区分河流与铁路、城镇边界与道路。

（3）面符号表示程度，不是表示量。如果地图必须强调数量，如居民的数量（每平方英里的人数），大小不同的点符号比灰度不同的面符号更合适。大比例详述的地图，需要补充小面积局部图加以辅助说明。

（4）点符号结合形状，可以是图形和图标，能被用于有效地表现人们熟悉的事物，如有地铁标志的符号表示地铁站、有十字的建筑代表医院。文字符号也通常与图形符号一并使用，起到辅助并促进解读的作用。

[34] Mark Monmonier, *How to Lie with Maps*, p. 19.

[35] 参见Mark Monmonier, *How to Lie with Maps*, pp. 20–24.

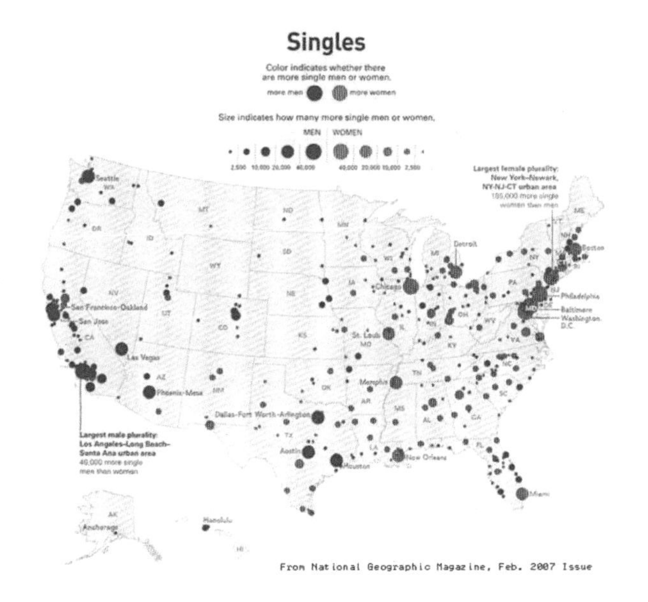

图2-29 美国单身图表

（5）灰度值通常在描绘百分比和比率的面符号时很有效，但是对点和线符号不太管用。

（6）颜色用于表现面符号，比用于表现点符号更加有效。避免使用过多的对比颜色来描绘数量的差异。对比色尽管具有视觉上的生动性，但并不能替代灰度在排序上的逻辑性。用户通常不能容易地、连贯一致地将颜色组织为一个有序的序列。视障的人士甚至不能区别红色和绿色。多数用户能迅速区分从浅灰到黑的均匀间隔的五、六种灰度；灰度的深浅运用应符合人的认知习惯，当深色意味着更多，浅色意味更少时，设计就容易被人理解。

（7）地图设计的有效性不能指望图例说明。一幅地图的图例说明可能使一幅糟糕的地图变得有用，但它不能使之变得有效。

（8）大小擅长表现主次和重要程度：一条粗线比一条细线明显地表示出更大的容量或更拥挤的交通（如图2-30左所示，线条的粗细直观反映了宽带流量的大小，因为视觉变量匹配描述的度量，这些地图直截了当地揭示了内容）。

（9）对色彩的运用常常更多地依赖常规的联想方法，如绿色——林地，蓝色——湖水。天气地图则运用人的感知，如红色——温暖，蓝色——寒冷。然而颜色代表的含义经常能引导用户产生误解。例如，表现海拔高度，颜色编码可以在绿色—黄色—褐色的范围内变化，绿色用于表现低地，可能表示繁茂的植物，而褐色代表高地，含有贫瘠之地的意思——尽管许多低地沙漠和高地森林遍及世界各地。

（10）统计地图描绘了数字型数据，通常依赖某一种类的符号，如圆点代表一千人，块状关系树图中的区块代表部分占整体的份额。例如网易“数读”栏目2012年5月16日文章，“透明的美国政府官员财产”[36]就是利用块状关系树图表现一个美国官员的整体财产中各部分所占的比例份额。

[36] http://data.163.com/12/0516/06/81JSNF0900014MTN.html

设计者除了了解每种视觉变量擅长表现的属性，还需要考虑不同环境中人的认知特点差异对每种视觉变量的权重造成的影响。人的认知对地图设计的影响，可以用伦敦地铁地图的例子来说明。

如图2-31所示，左图是1933年之前使用的伦敦地铁地图，中图是1933年由专业制图者 Henry Beck 设计的著名伦敦地铁地图，并一直沿用至今，右图是伦敦现行的公交车地图。从三张图的对比中，可以看出 Henry Beck 的地铁图较少依赖真实的地理属性，1933年前的老地铁图中能够看出基本的地理空间特征，右图的公交车地图则几乎完全记录了真实的地理信息。是什么原因造成伦敦的地铁和公交车使用两种完全不同的地图呢?

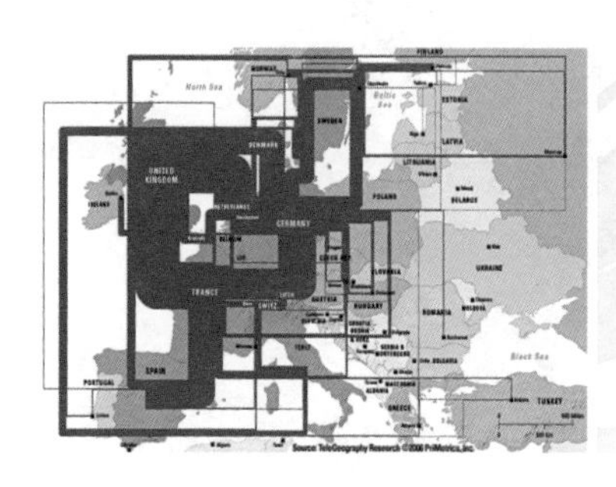

图2-30 结合线符号和大小变量的统计图表
（左图：欧洲地区局部图显示了欧洲大陆国家之间的因特网宽带情况，兆位每秒的容量决定了线条粗细比例，右图：地图描述了大于1亿分钟的洲际传输流量，圆圈表现了每个国家总共流出的传输分钟，各国的国际拨号代码用红色显示）

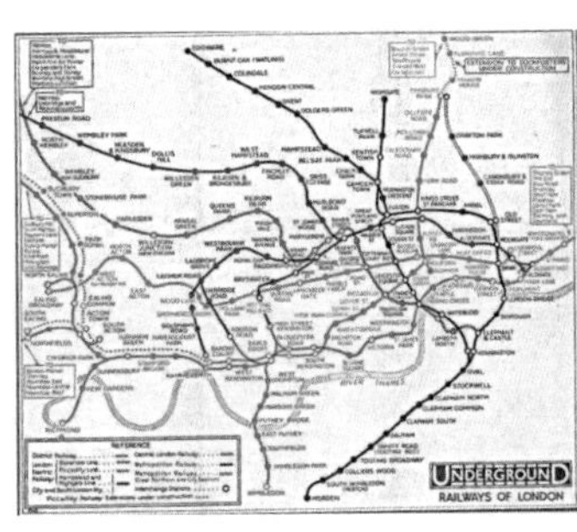
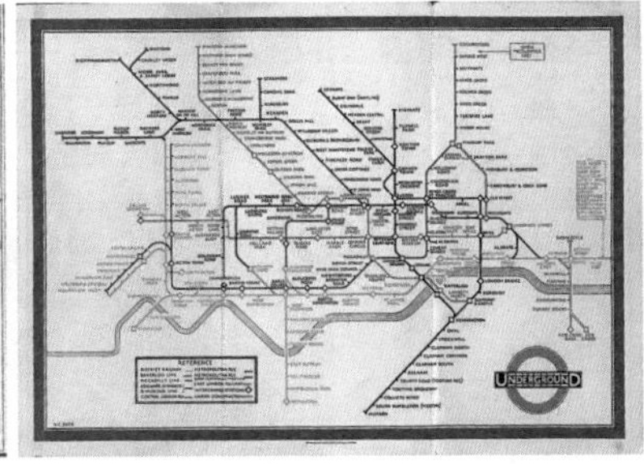

图 2-31 伦敦地铁、老地图和公交车地图比较
左：1933 年前的伦敦地铁地图；中：Henry Beck 的伦敦地铁地图；右：伦敦现行的公交车地图

荷兰 Delft 理工大学从事 Henry Beck 地铁地图有效性研究的研究小组，在最终报告中，提供了研究的结论："当现实从根本上被图解化（基于图形），地图和与之对应的现实之间的连接就会很快丧失。"[37]这就是说，人在地面和地下空间使用的认知模式是不同的。在地下空间，因为无法识别地理方位的空间信息，用户依赖线性认知而不是地理空间的认知模式。而图形化的地图，则帮助用户忽略了很多不必要注意的信息。地下空间的线性认知模式，是一种基于线性节点顺序的认知，其将空间辨向的问题简化为点到点的问题。Beck 设计的地图，极大地简化了形状和地理结构的细节。在尽量保留地形的同时，仅只显示站点间的连接，这就是乘客作出决定所需要的全部信息。但对于依赖地面交通系统用户（基于地形）来说，如公交车和有轨电车地图，则应当保留可以辨认出现实的信息，通过提供大量的真实地理空间信息，使搭乘复杂的公交车和改换线路变得便捷和容易。

也有将地铁和公交地图设计为一张地图的情况，波士顿就是个很好的例子（图 2-32）。浅色的背景能让人看出真实的地理空间信息，整齐有序的图形化地铁线路用四种不同的颜色的粗线代表，公交车线路用浅棕色的细线表示。这个结合地铁和公交线路的地图，与整个城市的规模、早期规划有着密切的关系。

2. 映射事物关系的地图

第二类地图映射了事物与事物之间的关系，其主要用途是对现实关系的表现，通常有着更直接的目的，例如为数据结构提供参照系、更有效地管理网络资源、浏览和导航、辅助搜索、探索不同媒体的潜在的新界面等。如图2-33所示，显示了让人上瘾的站点和同类网站连线形成的区域，映射出访问量和网站类型之间的关系。社交网站和门户网站是人们花费时间最长的网站类型。

映射地图很大一部分是表现数字空间的关系。数字空间由许多不同的媒体构成，所有媒体都是构造信息的工具，同时在很多情形中还是用户的产物。由于数字空间是纯粹的关系反映，物理的时空法则在数字空间几乎没有意义。实际上，很多媒体工具，如 email、带有个人身份的社交网络等，都具有严格限制的空间特性。数字空间的稳定性是不确定的，空间可在片刻出现和消失，不留下存在的任何痕迹。"试图将传统绘制地图的方法应用于数字空间几乎是不可能的，因为它们经常打破了西方制图学的其中两条基本惯例：第一，空间是不间断的，有序的；第二，地图不是领土，而是领土的表现，但在很多情况下，如同站点地图，站点变成了地图，数字空间的领土和表现成了一体。"[38]

[37] Paul Mijksenaar, *Visual Function*, pp. 5–6.

[38] Martin Dodge and Rob Kitchin, *Atlas of Cyberspace*, (London: Addison–Wesley Pearson Education Ltd., 2001), p.3.

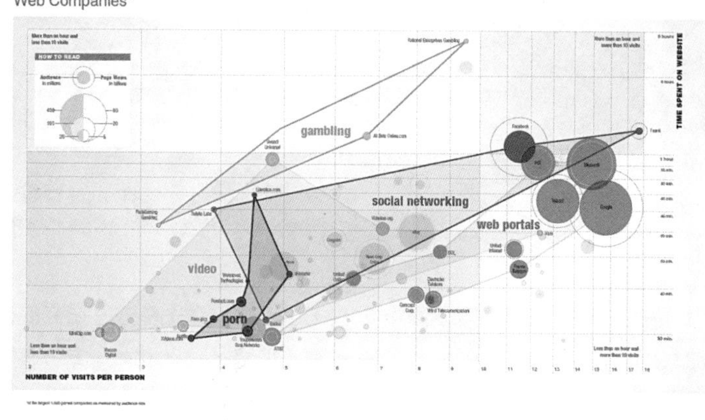

图 2-32 波士顿地图
图 2-33 让人上瘾的网站站点

映射地图和空间化结构图能够帮助人们理解事物的复杂联系，帮助设计者、服务商、用户从不同方面了解信息、提供导航。这个空间的范围可以是知识系统、商业、艺术、音乐、日常生活、交通系统、因特网、政治、社会等，人们对这些领域的表现和探索推进了视觉化审美和有效交互的进程。图2-34所示是2009年美国联邦合同消费与相关机构媒体报道比较图表，左边的比例图为实际合同花费情况，右边为媒体机构报道的花费情况，设计者将消费金额进行数据可视化后，呈现的带状流向，向人们揭示出真实消费和报道之间的惊人差距：绝大部分资金花费流向了国防，而健康、能源、教育、住房等预算却极大地压缩了比例。

我们设计地图的目的是为了表现事物，并改变人们思考、理解信息的看法。在很多情况下，数字空间的地图或信息图表为了改变我们与数字空间交互的方式，或是为了理解信息而设计。Martin Dodge 和 Rob Kitchin 指出，数字空间地图的空间化的过程（为数据结构关系赋予地图的空间特质）能够为其他类型的数据提供一种可解释的结构[39]。本质上讲，将数字空间地图化能够开拓思维的能力，将复杂的关系可视化

㊴ Ibid, p. 2.

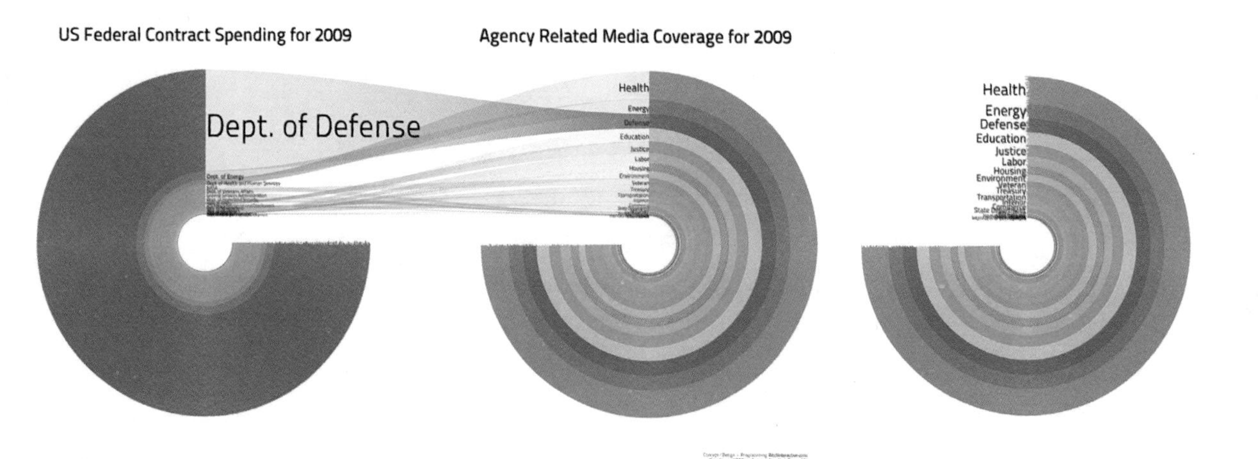

图 2-34 2009 年美国联邦合同消费与相关机构媒体报道比较
（左图为原图，右图为相关机构媒体报道中各种消费所占比例细节图）

能使其更容易理解、减少搜索时间，揭示那些不易被注意到的关系。因此数字空间地图形成了我们所理解和诠释的这个世界的一部分。

2.3 导向标识

城市、街道、建筑需要导向标识来指引方向，帮助人们到达最终的目的地。静态媒体的导向标识由物理空间（建筑内外、公共空间、交通道路、城市）的路标、标志牌构成。

“Wayfinding”一词，意为找路、寻路，最早出现于16世纪的英语。美国建筑师 Kevin Lynch 在1960年出版的《城市意象》中首次使用这个词，在我国国内多将 Wayfinding 翻译为“导向”。“‘Sign’一词合适的意译为‘标志、标志牌、路标’，‘Signage’则是指标志的集合——‘标识’。”[40]对于导向标识的研究，西方在20世纪六七十年代达到顶峰，各国均建立了相当完善的设计规范和标准。

2007年1月，清华大学美术学院受到某公司邀请，为北京南站设计标识导引系统（项目后期为中国高铁标识导引系统设计标准）。信息艺术系、工业设计系和视觉传达系集优势力量组成了设计团队。本节将以中国高铁北京南站为例探讨导向标识的设计方法。

2.3.1 标识的分布位置

从表面上看，标志牌是一块告诉人们导向图形和文字的平面标牌。然而，标识系统的设计从一开始就和空间相关，它是空间位置、信息内容、图形符号、标牌设施的综合系统。导向标志设计的第一步任务就是确定标志分布的节点位置和数量。标志的分布位置，是空间的流通线路上用户需要信息以便作出决定的位置，即决定点的位置。这个位置由建筑和空间环境特征、客流模式，以及用户的决定点这三个因素决定。

人们在真实找路情形下所作的决定，其大部分行动方案实际上取决于建筑特性的信息——建筑的入口、各区之间转换点、出口、通道、楼梯、自动扶梯、电梯——同时也根据总体空间特征的信息——例如，建筑布局或者街区格局的模式。[41]标识提供的信息越清晰明确，不同用户的找路解决方案就越相似。研究显示两种认知模式：线性认知模式和空间认知模式，同时会受到建筑环境和空间特征的影响。因此，设计者应将标识和空间指南地图同时纳入设计的考虑范围之中。

在调研北京南站建筑的空间功能之后，工作的重点是明确建筑的各功能区域、目的区域、服务性设施，以及从用户的角度出发的主要流通线路，例如进站、出站，需要标明三方面的信息，包括：“①从每个入口通往目的区域并返回；②从每个目的区域通往其他目的区域；③目的区域的流通线路”[42]。

图2-35、图2-36所示，显示了布点阶段早期从功能分区到客流线路分析的过程。

各线路上的交叉点包含有用户作出决策所需的信息。这些交叉点就是用户必须作出导向决定的地方，即决定点，用户在这些点上必须进行方向的选择[43]（图

[40] 黄海燕:《论公共空间标识导引设计的清晰性》,《装饰》，2009年第1期，第84页。

[41] Romedi Passini, “Sign-Posting Information Design”, in Robert Jacobson, ed. *Information Design*, p.90.

[42] 黄海燕:《论公共空间标识导引设计的清晰性》，第84-85页。

[43] http://www.massport.com/business/pdf/vol1/c_vol1_overview.pdf

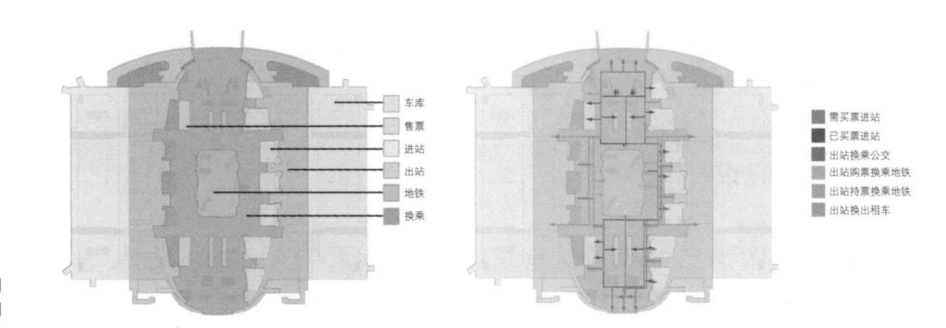

图 2-35 北京南站换乘层功能分区图
图 2-36 北京南站换乘层客流线路图

2-37）。沿着流通线路上的决定点，应当位于方向需要转换的位置和乘客面临选择的位置点上。确定沿路决定点的位置，即可确定标志牌信息单元的位置。每个决定点包括：在这个位置上乘客需要的信息、在这个决定点前面的信息、目标点的位置信息。

图2-38～图2-40所示分别为北京南站整体立面图，高架层布点立面图局部，最终布点平面图。在分析了北京南站的建筑平面图、交叉区域和立面图之后，规划了最终的标识布点位置平面图。

经过规划的标志位置布点图，能够在每一条客流线路上，为乘客提供线性的导向顺序。实际上设计者是按乘客找路任务的顺序提供信息。“信息总是在用户需要的时候出现，以帮助他们执行行动方案。”[44]

[44] Paul Arthur and Romedi Passini, *Wayfinding: People, Sign, and Architecture*, p. 48.

图 2-37 客流量和决定点分析图
图 2-38 北京南站整体立面图
图 2-39 北京南站高架层布点立面图局部
图 2-40 北京南站地下层布点平面图

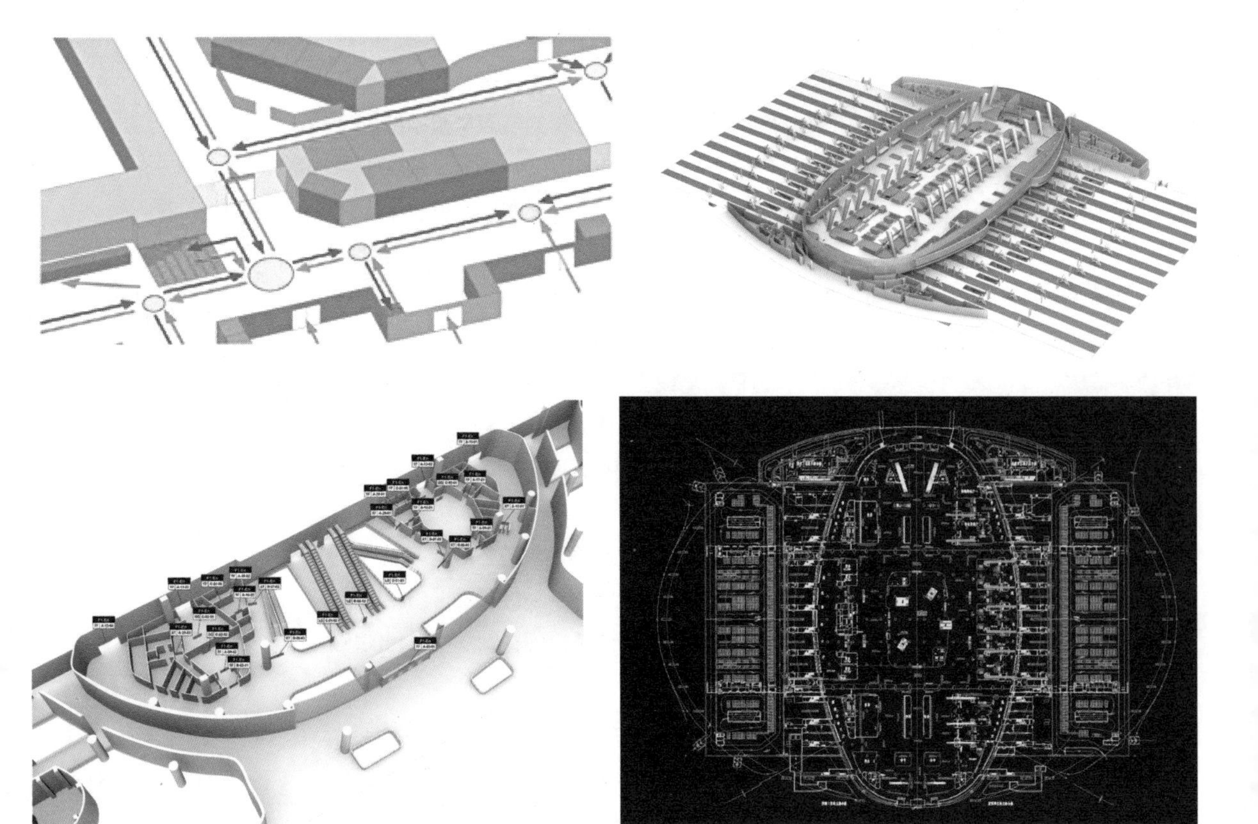

确定标识位置，除了空间中的分布位置，还包括标识的高度、角度位置。所有的标识都应遵循一致性原则，信息位置的一致性将帮助用户记住寻找信息的位置。乘客流通线路和自然视线是决定所有标志设置位置的基础。标志牌应该定位于使乘客对每个信息有充分反应时间的决定点的前方，位置应选择人们直视前方的自然视线范围内。标志安装的角度是垂直视野的10° 之内，不宜选择一个向下的角度，是“因为其他对象往往会遮挡水平视线下方放置的标志信息，除非观众是在相对近的距离观看标志”[45]。水平视野最大在40°~60° ；如果是驾车的情况下，道路标志安装在60°的水平视野的范围之内。所有的导向性标志都应该出现在同一个醒目的高度，并与周围的商业环境和其他导识系统有明显区别，这样，标志位置就与人们预期注意到的位置相一致。协调统一标志的位置，能加强导向的清晰性。

如图2-41所示，荷兰阿姆斯特丹 Schiphol 机场的标识系统，通过一致的流程类、非流程类颜色系统，统一的标志牌大小、统一的悬挂高度，从而和地铁标识系统和商业区明显地区分开来。

标志牌的布点问题，不仅包括如何确定符合用户需求的标志位置，如何管理标识系统、标志位置和环境的关系，还包括在标志设置数量和空间利用率、标志数量和距离的关系等。标志的数量和空间利用率方面，交叉路口以及通道中的标志利用率很高；虽然出入口是标志最集中的地方，但出入口的标志利用率却相对较低。通过对行人在地下商业空间的标志分布和人的步行行为研究发现，“曲面空间和较复杂空间，空间的指向性较弱，需设置较多和合理的标牌”[46]。环境的复杂性，起始点到终点之间的距离，以及该路段有多少个分支的交叉路口，这三个方面决定了在某个路段需要的导向标识的数量。当两个交叉路口之间相隔距离很长的时候，相同的信息就需要重复出

[45] Chris Calori, *Signage and Wayfinding Design*, (Hoboken, New Jersey: John Wiley & Sons, Inc., 2007), p. 164.

[46] Ji-Sook Choi and Yoshitsugu Morita, “The Distribution of Signs and Pedestrians’ Walking Behaviors in Underground Space—A Case Study of the Underground Shopping Center in Taegon, Korea,” *Journal of PHYSIOLOGICAL ANTHROPOLOGY and Applied Human Science*, Vol. 24 (2005), pp. 117-121.

图 2-41　荷兰 Schiphol 机场的导引系统

现，用来明确终点的方向。标识太多则会产生过多的相关信息，反而削弱了本质的信息。在进行无障碍设计时，还需要充分考虑盲人或视障者的线性序列——路线与事件的认知特点[47]。

[47] Roger Whitehouse, "The Uniqueness of Individual Perception", in Robert Jacobson, ed. *Information Design*, (Cambridge, Massachusetts: The MIT Press, 2000), p. 122.

2.3.2 标识的信息内容

在确定了标识的分布位置和数量之后，接下来的工作是确定每一块标志牌上显示的信息内容。无论何种类型的信息内容，都需要清晰地传达给用户。对内容的设计主要体现为信息的功能和层次的关系。信息的功能决定信息的类别，信息的层次区分重要程度。这也是其他媒体形式的信息所共有的特点。

物理空间的导引信息可分为言语信息（Verbal Information）和非言语信息（Non-verbal Information），这两种信息又被称为排版文字信息（Typograpgic Information）和图形标志（Pictographic Information）信息。在这里探讨的信息内容是指标志牌整体传达的信息内容（包括文字和图形）类型和层级。图2-42所示为标志牌的信息内容。

建立一个复杂的标识系统，实际上是将人们的导向任务分解成若干个信息节点，如果将这些信息节点连接起来，就会形成了一个庞大的信息网络。在这个网络里，标志牌将能够从任一位置开始，指引用户通往预设的地点或返回原地。因而，在设计信息的内容时，需要将全局的信息节点纳入考虑范围。在单个标志牌上，需要显示出局部线路上按重要程度排列的线性地点列表。这个地点的列表上的内容，是由人们作出决定所需要的信息来确定。每个决定点的信息内容，就是一份可供未来用户选择的信息列表。

如前所述，沿路的每个决定点，包括决定点所需信息、先于每个决定点的信息、目标点的位置信息。按照信息重要程度的等级可区分为：一级信息、二级信息和三级信息。“按照信息功能来区分标志可分为四类：导向、定位、问讯／接待、规章制度／安全信息。”[48]导向是指引人们去往目的地的方向信息，定位是目的地的位置信息，问讯／接待是辨向和关于环境查询的信息（如建筑平面图、楼层目录等），规章制度/安全信息是保障安全疏散和制度类的信息。

[48] 黄海燕：《论公共空间标识导引设计的清晰性》，第85页。

图 2-42 标志牌的信息内容

1. 信息的等级

“一级信息即流程类信息，指用户到达目的地点必须经过的功能区域或地点（如候车室、行李寄存处、进站口、售票处、检票口）。任何标志中的一级信息，都必须是最大最显眼的。二级信息即非流程服务类信息。是对一级信息的补充与强调，通常针对车站的辅助服务项目以及车站配套功能设施（公共卫生间、电话亭、电梯、餐馆）。三级信息是对一级、二级信息的补充与支持，通常用来表现规章制度与警示条例。所有规章制度、安全标志普遍都被认为是三级信息（禁止吸烟、注意安全）。”[49]一级和二级信息构成的标志系统所传递的信息，可以保证客流高效运转。三级信息标志作为补充，必须配合一级与二级信息标志，同时与内部的设计要素相协调。

[49] 同上，第85页。

2. 信息功能与等级

用户在客流线路上的位置是不断移动的，因此信息的等级是相对变化的。相同的信息会因为出现的地点不同，而被归入不同的排列顺序。例如，从车站广场前往售票处的旅客，会看到“售票处”这一词条，售票处在当时作为一级信息中的首要信息。而刚刚到站的旅客也有可能看到这一词条，但此时导向到地面交通的“出口”将会是一级信息中的首要信息，“售票处”就变成了一级信息的次要信息。

在步行过程中，客流的通畅是至关重要的，这就要求相同等级的信息传递必须满足视觉的连续性，遵循连续性原则，消除任何可能打断主干线或使旅客产生困惑的元素。如表2-5所示，列举了恰当的专用名词，用于导向、定位、问讯／指南、规章制度／安全信息。

信息功能与信息等级的关系列表（以火车站为例）　　表2-5

信息层次：进站大厅——候车室				
		一级	二级	三级
信息功能	导向	售票处 行李寄存 候车室 公共卫生间 安全检查处	电梯	电话亭 公共卫生间
	定位	候车室	候车室 公共卫生间 电梯 专营店/零售店 电话	公共卫生间 紧急电话 灭火器 房间号码
	问讯 / 指南	车站指南 大厅指南 问讯处		注意安全 小心脚下
	规章制度 / 安全信息	出口 紧急出口 禁止吸烟 警示信息 职工专用 请勿进入		

正确的范例

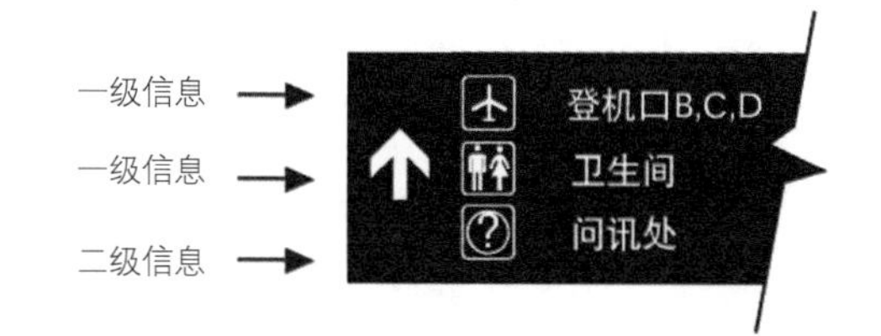

错误的范例

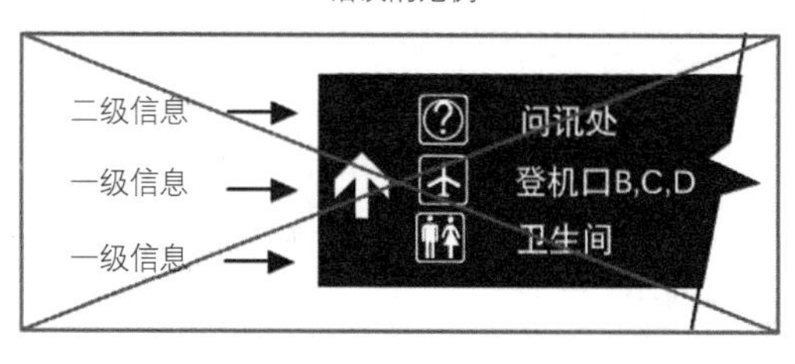

图 2-43 信息层次在某航站楼标志牌的示例

这些信息内容按照一级、二级、三级信息的顺序进行等级划分，罗列了进站大厅与候车室区域所需的专用名词，将进站大厅的各种信息组织在一起。设计师借助等级划分这一手段将信息分组，从而设计出用于导向的、定位的以及信息类的标志类型。理想的情况下，一级信息必须和其他一级信息分在同一组，如果有必要将某个二级信息纳入一级信息的设计类型中，那么必须确保这个二级信息的重要性要低于所有的一级信息。在所有类型的标志中，三级信息都必须出现在一级、二级信息之后，从而和一级、二级信息建立信息的等级划分[50]。如图2-43所示，给出了正确和错误的范例。

图2-44所示为纽约肯尼迪机场标识系统。这套自机场投入使用以来广受好评的标识系统，在设计上充分运用颜色和版面布局来区分信息的功能和等级：所有一级信息是黄底黑字，所有二级信息如餐饮、卫生间等采用黑底黄字，所有离开机场的地面交通信息为绿底白字。

尽管对于大型交通枢纽的标识系统来说，信息内容错综复杂，但最终体现在单个标志牌上，仍然是一种线性的行为指示。表现信息内容的词条和图标好比数据库里的数据，只有经过合理的设计，才能将清晰、明确、在当时情境下有用的信息呈现到用户面前。

标识设计还需要考虑不同文化和语言背景的人们对文字内容、图标图形的理解差异，以及设计的标准化、语言的规范化问题。设计清晰传达标识信息的文字内容，首先需要确立一个标准化的语言规范[51]。国内标识系统中经常可以见到缺乏统一语言规范及认同性考虑的设计，例如，2007年在对北京西站调研的过程中，就发现同一车站内出现“售票厅”、“售票处”、“售票区”“售票口”等不同名称。很明显，设计者需要站在文化和社会用语习惯的层面上思考标识系统设计中的问题。本土设计师设计的标志牌文字与图形，在不同文化背景的人看来，往往会有不同的理解角度。图形的

[50] http://www.massport.com/business/pdf/vol1/c_vol1_overview.pdf

[51] 我国实施的术语标准，如：中华人民共和国国家标准 GB/T 13317-91 铁路旅客运输组织术语，1991年12月11日发布，1992年8月1日实施。但是新生事物和名称随时代进步不断涌现，因此标准的及时更新也迫在眉睫。

图 2-44 纽约肯尼迪机场标识系统

优势在于直观易懂，但是前提必须是用户对图形建立相同的理解。如果从不同文化背景理解图形，势必会导致理解的偏差和困扰。尤其是国际性交通枢纽、旅游胜地、博物馆、展示会等具有多国多语言用户的环境，设计者都需要作文化地域、颜色、图形符号、语言习惯认同性分析，将目标用户及其不同的语言习惯全面地纳入考量之内。

2.3.3 标识的外观形式

信息的形式是人们感知到的信息的外观形态，即标识是以什么具体形式呈现。说到形式，人们通常会想到这是关于审美的事情，但导向标识的形式首先是关于信息感知过程的易读性。对于标志牌来说，影响易读性的不确定因素的关键在于文字大小和由此决定的图形标志的大小、标识牌的大小。易读性高的标志牌能够确保一个信息或符号不需要任何提示就能被理解。

合适的文字尺寸是决定标志形式和外观的根本，目前英文字母普遍采用的是ANSI Z535.2（美国国家标准协会）制定的标准[52]：理想的视觉环境中，每1英寸字高（25毫米）对应25英尺（7.6米）视距。各国对于公共信息图形符号、安全色等都有相应的国家标准[53]。

标识的安全可见距离需依环境而定。易读性取决于很多因素，包括光线，字体、视觉敏锐度、步行或驾驶机动车。如图2–45所示[54]，表2–6所示是作者对图2–45的分析结论数据。

[52] http://www.usbr.gov/pmts/planning/signguide2006.pdf

[53] 我国国家标准GB/T 18574–2001 铁路客运服务标志，2001年12月17日发布，2002年5月1日实施，第5–6页，6.9 标志的尺寸，有如下规定：6.9.1 标志尺寸的确定应以保证标志所传递信息的最大观察距离为基准。6.9.3 矩形标志的尺寸，可根据具体情况确定。

[54] http://www.electromark.com/help/Signs/big_letters.asp

不同光线条件下行人和机动车驾驶者的对标志牌的视距列表　　表2–6

标志牌尺寸（cm）	行人理想环境（m）	开机动车理想环境（m）	行人较差环境（m）
18 × 25	4.0	2.8	1.9
25 × 36	5.6	3.9	2.8
36 × 51	7.9	5.5	3.8
51 × 70	11.4	7.9	5.4

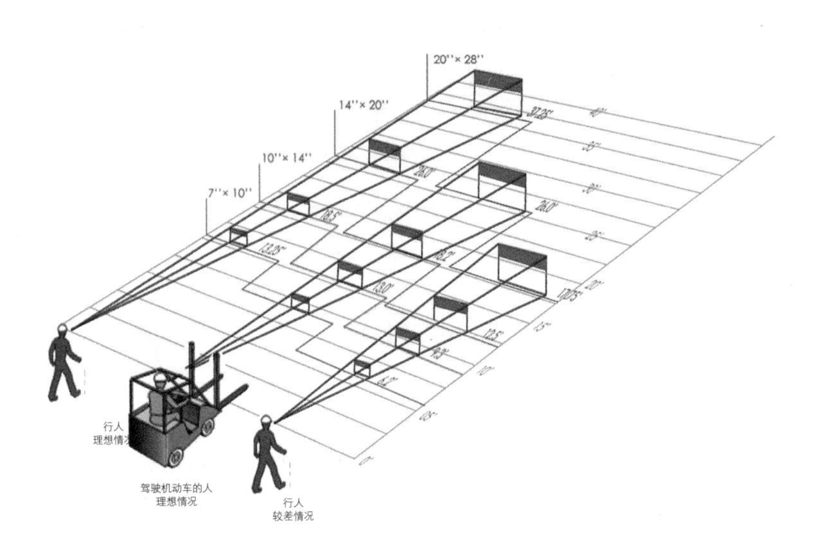

图 2–45　不同光线条件下行人和机动车驾驶者对标志牌的可视距离

影响标识大小的因素包括信息的复杂性、逃离危险的必要反应时间和标识的观看角度。一个较大的标识也许要求观者从某一角度行走或靠近标识。在多数情况下，最好设置多个小标识而不是只设置一个大标识。

设计者不仅要考虑到理想环境下的光线条件，还必须考虑较差环境下的每英寸字高对应的最小可视距离。较差视觉环境中，该比例降为：每一英寸字高对应12英尺视距。表2-7[55]所示列出了不同环境情况的每英寸字高的可视距离的数据。

[55] http://ergo.human.cornell.edu/AHProjects/Library/librarysigns.pdf

不同环境下的每英寸字高的可视距离列表 **表2-7**

警示字体的大写字母高度（in/cm）	阅读距离（ft/m）	
	好的情况	较差的情况
1.0 / 2.54	25.0 / 7.62	11.9 / 3.63
1.5 / 3.81	37.5 / 11.43	17.85 / 5.44
2.0 / 5.08	50.0 / 15.24	23.8 / 7.25
2.5 / 6.35	62.5/ 19.05	29.75 / 9.07
3.0 / 7.62	75.0 / 22.86	35.7 / 10.89

图 2-46　标志牌文字和空白区域的关系

交通标识的设计经验认为：标志上文字以外的空白区域，对易读性很重要。特别是文字在有色背景上的标志。USSC（美国标志委员会）为标志的空白区域建立一个可测量的底线。空白区域应该不少于标志牌或背景区域的60%。文字区和空白区之间的 40/60 的关系，是 USSC 的最小标准。图2-46中下方的标志牌示意图，说明了文字区域的聚合组成了整个标志牌的 40% 的面积，其余的 60% 构成了文字以外的空白区域。每一英寸字高对应 50 英尺视距。

经过多方数据测试、各国家标志文字的可视大小研究，以及基于中国高铁项目的实践研究，对于汉字、英文、数字、图形标志的最小可视大小，项目组总结出一套适合国内大型火车枢纽导引标识系统的文字可视大小的数据：

- 汉字：25米视距，汉字高度不应小于10厘米。
- 英文：25米视距，字母高度不应小于7厘米。
- 数字：25米视距，数字高度不应小于7厘米。
- 图形标志：25米视距，图形高度不应小于15厘米。

当然研究结论数据是最小可视距离，实际设计应考虑建筑环境与客流量大小等综合因素，确定文字最终尺寸。“字体的尺寸以及信息的长度，不仅决定了自身文字段的尺寸，同时决定了整个标志的大小。这也就意味着，可以通过改写信息内容或者选择其他的文字尺寸来减小标志的尺寸。标志牌的设置和标志牌上信息的表达，与地面到天花板的高度和标牌尺寸的大小都有必然的联系。”[56]标志呈现的外观形式应与所

[56] 黄海燕：《论公共空间标识导引设计的清晰性》，第86页。

在的建筑、空间环境相协调，最终确定的标志牌尺寸和设施外观，必须具有整体性和统一性，确保不会产生视觉上混乱。

除了大小问题，围绕易读性和清晰性，关于文字信息的形式还包括字体、大小写、粗细、字间距、行间距、光照影响。图形标志信息涉及符号的形状、颜色、形象语义、箭头等（图2-47）。颜色和版式布局最终决定以上两种信息在版面中的视觉效果（图2-48）：类型、强度、位置。形式和外观还涉及箭头设计、颜色对比、可视距离、不同光线条件与最佳可视距离、不同形式的标志与可视高度、角度的变形、光扩散作用、符号使用、标志的照明、内发光和外发光问题。欧美大量的研究和实验围绕标志的易读性展开，并已颇具成效。例如，Philip M. Garvey 在一份递交美国标志协会的报告中指出，研究显示内发光标志比外发光标志具有更远的可视距离和更长的可用阅读时间[57]。字体设计师 James Montalbano 经过多年开发的 Clearview（清晰看）字体，已被美国联邦政府官方临时批准，投入所有州的道路标志使用[58]。

此外关于信息形式还有设施材料，外观形式（图2-49）的选择，通过留意环境的物理特征，如光照度、人的密度、顶棚的高度，设计者能在特定可接受区域，确定特定的设施外观形式。图2-50为北京南站标志牌设施设计方案。

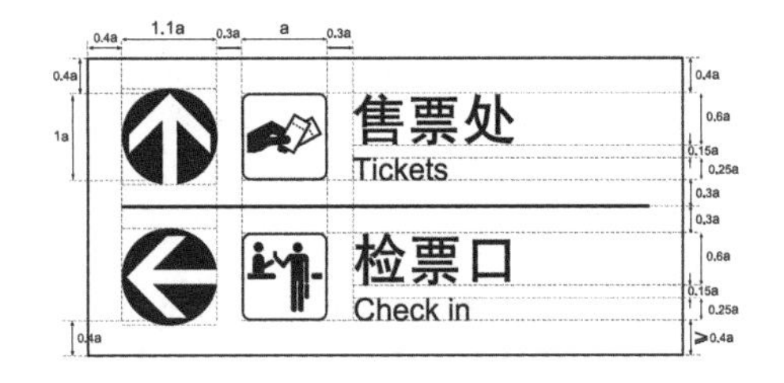

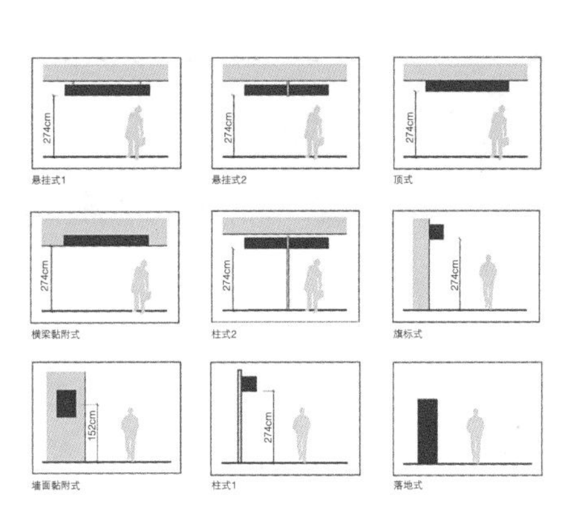

图 2-47　图形标志设计方案
图 2-48　文字和图形标志在版式布局中的效果
图 2-49　标识设施的外观形式

当然，娱乐、休闲、旅游场所与公共空间、交通系统、紧急条件下的导引标识设计有所不同，前者的设计可以在保证导引功能的前提下，表达出独特的创意和个性，后者的信息导引设计必须符合标志和安全色等国家标准的规定。

易读性和环境的关系是影响信息形式的的基本因素，如何设计富有创造性、审

[57] http://ntlsearch.bts.gov/tris/record/tris/00974224.html

[58] http://www.cartype.com/pages/330/clearview

图 2-50 北京南站标志牌设施设计方案

图 2-51 Voskresenskoe 俱乐部酒店的健康娱乐中心标识和识别系统设计

美愉悦、有趣的导引系统，还要靠设计师的创新思维与智慧。图2-51所示是为莫斯科附近 Voskresenskoe 俱乐部酒店的健康娱乐中心设计的导向标识和识别系统设计，这是一套富有创意的建筑导识和识别系统，象形的、简笔画风格的图形图标被静静地放置在墙壁上，表白着独特的个性。分别指向保龄球馆、健身馆和游泳池的直线、折线和曲线，三种不同功能的导引线系统成为一个额外的元素赋予视觉上的活跃和舒适。鲜艳的色彩不仅弱化了迷宫般漫长而黑暗的走廊，而且创造了一种特殊的情感背景。

时间性媒体——叙事的视角

时间性媒体的主要特征是叙事，叙事是对真实或虚拟故事的叙述，说得直白点，就是讲故事。时间性媒体的主要表现形式有：文学作品、剧本、文案、漫画、动画、电影、电视、广告片、戏剧、广播、声音产品、交互小说、交互广告、交互信息图表、交互影视、交互游戏、新媒体艺术等。不断涌现的信息技术改变了媒体作为载体的形式，同样的故事，有多种讲述的方法，设计者需要根据设计目标选择最合适的形式。同样的故事，在经过媒体转换之后，在表达效果上将会产生极大的变化。数字媒体所具有的强大兼容功能，整合媒体的设计趋势，又将对叙事产生怎样的影响？本章将从叙事的视角，带着以上问题来探讨时间性媒体在叙事上的特征、方法和联系。

3.1 时间性媒体的叙事特征

时间性媒体关注对信息的陈述、展示、叙述、说明，这类媒体向来就是叙事的中介。叙事特性与时间性媒体的关系密不可分。传统的叙事，讲述的是一个事件，或者多个事件序列按照时间顺序或因果关系构成的故事。经历了经典叙事学、后经典叙事学阶段[①]，信息社会的数字媒体叙事延伸到具有叙述性、说明性的可视化、交互、跨媒体产品。如果从叙事的视角看待时间性媒体，我们首先需要明确叙事的范畴。“福斯（Foss S. K. 1989）认为，叙事是一种通过各种随时间变化的角色、行动与场景的描述，借以组织和呈现世界的方式。瑞贝基（RYbacki 1991）则认为，叙事是一种展现故事形态的文本活动，角色通过对话或行动为观众提供情节与意义，并使其去创造、诠释。瑞安（Ryan）指出，叙事包含场景、角色，以及这些角色在场景中所参与的一系列活动与事件。费舍尔（Fisher）认为，人类所有沟通、传播的形式及类型都可算是叙事。”[②]如同信息的可视化一样，我们运用叙事这种形式，来探索、再现世界。因而本文中的叙事，具有更为广泛层面，不局限于传统叙事，也探讨时间性媒体所具有的叙事特征和它们传播、组织、呈现事物的方式。

① 叙事学研究的三个阶段：经典叙事学、后经典叙事学、数字媒体时代的叙事研究。20 世纪70－80 年代发展旺盛的结构主义叙事学被视为“经典叙事学”，在结构主义的影响下，多选择“故事”层面作为叙事学的研究对象，其核心是文本批评。其后，只在故事层面进行叙事研究的种种缺陷促使叙事学家开始关注叙事的话语层面，即故事的表述方式，主要包括时间、空间、语态、语式、人物话语表达方式等。叙事学确立还不到半个世纪，其研究范式已经发生了重大转移：从关注故事／话语的“经典叙事学”转移到 20 世纪 80 年代末、90 年代初开始的“后经典叙事学”，研究目的也从寻找普适的叙事语法转移到探究叙事与社会、文化、历史、读者及其他学科之间的相互关系。参见孙为：《交互式媒体叙事研究》，南京艺术学院数字媒体艺术博士学位论文，2011年5月，第8-9页。

② 孙为：《交互式媒体叙事研究》，第22页。

正如第1章所述，本书中的每一媒体类别和其他媒体类别都有交叉。为了能够在众多媒体形式中梳理出一条清晰的脉络，在时间性媒体中，按照叙事的特征，我们分出三种子类别，分别是：文本类、影像类、交互类（表3-1）。本章的交互指的是数字化交互叙事。当然，时间性媒体还包括口语（在场）叙事类别，但这里主要从视觉的表达形式上探讨叙事，故没有列入比较的范围。

时间性媒体类别的叙事特征比较 **表3-1**

	文本类	影像类	交互类
叙事结构	线性（时间/因果逻辑）、时空交错（倒叙/预叙/插叙）	线性、非线性、时空交错（倒叙/预叙/插叙）	线性、非线性、分叉、碎片
叙事形式	小说、诗歌、散文神话、传说、寓言、史诗、剧本、文案策划	动画、漫画、电影、电视、广告片、纪录片、新闻/访谈片	交互信息图表、交互影视/广告、交互展示、交互游戏、新媒体艺术
叙事语言	文字（字、词、句子、段落）、修辞（象征、隐喻、借代）	镜头/蒙太奇（机位、构图、色彩、影像、布光、声音）	交互界面（导航、文字、图形图标、影像、声音）

续表

	文本类	影像类	交互类
叙事时空	连续、完整、封闭、有边界	连续、完整/碎片、封闭、有边界	非连续、断裂、开放、无边界、多维
叙事方式	作者/作品—读者，单向传播，依靠读者经验与理解	作者/作品—编导—读者，单向传播，依靠读者的经验与理解	作者/编程者/管理者—作品—读者/用户/参与者—作品，双向传播

3.1.1 文本叙事特征

对叙事的研究，最初源于文学与索绪尔语言学。结构主义语言学对叙事研究的影响最大。1966 年，法国巴黎《交际》杂志发表了以“符号学研究——叙事作品结构分析”为题的专辑论文。1969年，茨维坦·托多洛夫（Tzvetan Todorov）第一次提出“叙事学”（Narratology）一词，正式宣告了叙事学的诞生。“俄罗斯形式主义学者维克多·史柯洛夫斯基（Victor Shklovsky）强调故事中的时间为发生于时间和空间上的因果链，将‘情节’一词解释为把因果、顺序性的事件作一番艺术上的组合或解体。这种把‘故事’与‘情节’区分开来的‘二分法’，最终形成了结构主义叙事学的独特研究范畴。”[③]此后，弗拉基米尔·普拉普（Vladmir Propp）、罗兰·巴特（Roland Barthes）、茨维坦·托多洛夫，热拉尔·热奈特（Gérard Genette）等结构主义学者对神话、民间故事、小说、诗等文学作品的叙事规律进行研究，共同寻找不变的因素和结构形式，分别提出了各自的叙事规则。

文本叙事结构是线性的。这种线性，体现在叙事的顺序上，是基于时间顺序和因果逻辑关系的连接；体现在阅读的次序上，文字作品单向、线性地由作者流向读者。美国结构主义叙事学家西蒙·查特曼（Seymour Chatman）认为每个叙事文本由两部分组成：“一个是故事（Story），包括内容或一连串的事件（动作，发生的事情），再加上可称为存在物（角色，场景的物品）的部分；一个是话语（Discouse），也就是表达，通过其传达内容的方法。简单来说，故事是在叙事里描绘了什么，话语是如何描绘。”[④]这些叙事元素组成的结构如图3-1所示。

进一步理解叙事结构，叙事存在一个故事和对这个故事的叙述。一个故事怎么讲，就是故事的表述方式，即它的话语层面。故事的事件构成的序列称为“情节”。亚里士多德最早在《诗学》中提出了“情节”这一概念，并把情节定义为“事件的安排”。“这种安排恰恰是话语所执行的操作。话语和描述形式将一个故事中的事件变成情节。”[⑤]也就是说，对情节的描述顺序不必和故事的自然逻辑相同。情节的功能是强调或弱化某些故事事件，并留给他人推理。情节的安排可以遵循或扭曲时间顺序，可以使用倒叙、

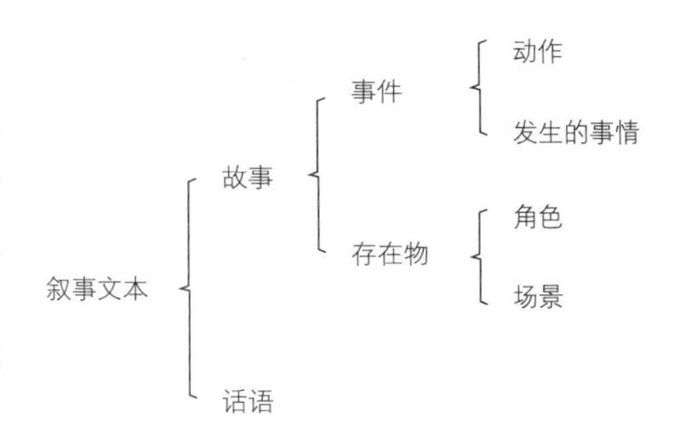

图 3-1 叙事元素的组织结构

③ 刘积源：《无信息的规则——结构主义叙事学》，《甘肃联合大学学报》（社会科学版），第22卷第1期（2006年1月），第39页。

④ Seymour Chatman, *Story and Discourse: Narrative Structure in Fiction and Film*, (Ithaca, New York: Cornell University Press, 1980), p. 19.

⑤ Seymour Chatman, *Story and Discourse: Narrative Structure in Fiction and Film*, p. 43.

预叙、插叙等时空交错的结构方法，只要事件最终彼此形成因果和时间上的连接。因而，“每种安排会产生一个不同的情节，许多情节可以从同样的故事中产生”[⑥]。例如，热奈特分析了《追忆逝水年华》这部小说的时间结构，发现这部小说的开头位于一个患失眠症的主人公一生较晚的时刻，整个小说以记忆位置为起点展开广阔的往复运动。“叙述顺序的第一个时间远远不是故事顺序的第一个时间。热奈特认为这符合西方文学最古老的‘从中间开始’，继之以解释性回顾的叙述传统。以后的篇章虽然在总体上符合故事的时间顺序，但仍存在大量细节上的预述、倒述等等。”[⑦]由情节构成的线性叙事结构如图3-2所示，圆圈代表情节，箭头末端的圆圈代表结尾。图3-2中，图（1）表示情节可以按照自然逻辑安排（1、2、3、4），图（2）表示可以运用时空交错结构（3、1、2、4）。

⑥ Ibid, p. 43.

⑦［法］热拉尔·热奈特：《叙事话语》，王文融译，北京，中国社会科学出版社，1990年版，第5页。

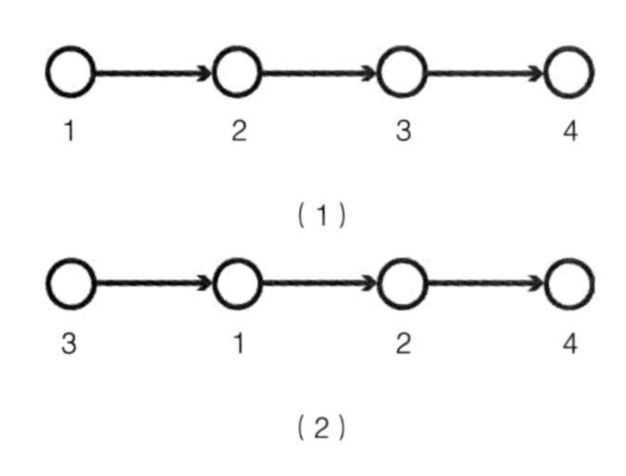

图 3-2　文本叙事的线性结构

除了线性结构的叙事文学作品，非线性结构的实验文学也早已存在，“如莫尔斯洛普1991年出版的超文本小说《维克托花园》(Victory Garden)采用了迷宫的形式，有993个片段，2804个链接，其结构是一种‘交叉路径’。而中国的《周易》以词条写故事也是一种非线性结构。有着4000多词条的《夜航船》在形式上和超文本具有相通之处”[⑧]。这些现代主义实验文学为其后的影像类、交互类叙事建构各自的叙事结构提供了思路。

⑧ 孙为：《交互式媒体叙事研究》，第69页。

叙事的话语，即对故事的讲述和描绘，必须借助于特定的媒体表达。法国学者罗兰·巴特在《叙事结构分析引论》(1966)中指出：“叙事可以用口头或书面的有声语言、固定或活动的图像、手势以及所有这一切井然有序的混合体来表现；它存在与神话、传说、寓言、故事、小说、史诗、历史、悲剧、正剧、喜剧、哑剧、图画、玻璃窗彩绘、电影、连环漫画、社会新闻、交谈之中。”[⑨]文本叙事媒体的表现形式是具有叙事特征的文学作品，包括小说、诗歌、散文神话、传说、寓言、史诗等。本文的意图不在探讨文学的体裁和修辞等，因而，这里仅就文本叙事的特点和其他类型的叙事特点展开比较。

⑨［法］热拉尔·热奈特：《叙事话语》，译者前言，第2页。

亚里士多德认为，叙事应拥有完整的开头、中间与结尾。这限定了传统叙事的时空是连续、完整、封闭、有边界的。传统小说由一系列按时间顺序或因果关系连接的情节构成线性发展的故事。然而，真实情形中发生的事件大多是混乱无序、多头并进的。在叙事中存在有三种时间，即故事时间、叙述时间和阅读时间，传统叙事都是前两种时间的聚合。至于阅读时间则来自读者，对故事时间和叙述时间不产生影响。传统叙事基本上是以叙述时间来建构故事时间。在故事中，几个事件可以同时发生，一个故事可以有多个故事链。热奈特指出，“叙述者不得不打破这些事件的‘自然’顺序，把它们有先有后地排列起来，因此叙事的时间是线性的。故事与叙事在表现时间上的不同特点为改变时间顺序达到某种美学目的开创了多种可能性。”[⑩]这句话告诉人们，正因为故事时间和叙述时间的不对等特点，才能给创作无数伟大的文学作品提供了可能性。热奈特认为叙述时间是伪时间，在他的《叙事话语》一书中探讨的，正

⑩［法］热拉尔·热奈特：《叙事话语》，第5页。

是事件在故事中连续的时间顺序与这些事件在叙事中排列的伪时间顺序之间的关系。他提出了四个著名的传统叙述运动：停顿、场景、概要、省略，实现对叙事整体节奏的控制。

传统的故事由“场景”、“角色”与“情节”三个部分构成。事件序列构成的情节由时间连接形成线性，场景则通过空间的转换实现。“在任何叙事中，时间和空间都是必不可少的因素，但不同的叙事传统对二者的倚重却各有不同。从总体上来说，西方的叙事传统更多地依赖时间因素来编织故事，从古希腊神话开始，西方叙事作品就注重通过‘起’、‘中’、‘结’三个在时间上联贯的段落来造成结构上的统一。而中国古代小说，尤其是长篇小说的结构特征却是所谓‘缀段性’，全书没有一个贯穿始终的故事，只有若干较小规模故事的连缀，连缀的中介也不是时间的延续，而是空间的转换，《儒林外史》就是一个突出的例子。在中国，甚至连自传性的作品，如清代沈复的《浮生六记》，也不采取以时间为顺序的编年式的写法，仍然采取缀段性的结构，这就说明，在中国古代叙事结构方式中，空间因素和其他因素占据着较之西方来说更加重要的位置。”[11]从这个意义上来讲，中西方的叙事结构，好比西方透视学与中国画的散点透视，中国的文学和绘画在局势上追求的是同样一种“形散神不散，笔断意不断”的意境。

“传统概念上的叙事空间是由作者创造出来的，用以承载所叙述故事或事件中事物的活动场所或存在空间。叙事空间在叙事中可以完成各种功能，它可能仅仅提供一个行动发生的地点，也可能被主体化；可能永远处于静态，也可能随着人物的移动而不断转换。”[12]约瑟夫·弗兰克在《现代文学中的空间形式》一文中分析了现代主义文学作品中叙事空间的三种形式，即语言的空间形式、故事的物理空间和读者的心理空间。这涉及语言形式问题，故事的场景地点和读者的对作品理解与想象。他认为如乔伊斯、普鲁斯特等人的小说，在本质上是“空间性的”，这些作品用空间的“并置”打破时间的“顺序”，从而获得一种空间艺术的效果。

在叙事方式上，古希腊的柏拉图就已经区分出“纯叙事”（diégésis）与“完美模仿”（mimèsis）两种对立的叙事方式。前者是作者以自己的名义讲话，后者是作者以第三人称叙事，“现代小说理论把二者分别称为‘讲述’（telling）与‘展示’（showing）”[13]。综合以上二者，文本叙事都是从作者到读者的单向叙事方式。作者将故事以某种秩序固定下来，读者不能进行任何修改和干预。

正因为这种信息单向传播和文字语言的抽象性，文本叙事需要想象与理解的高度卷入。文本叙事在故事叙述和形象塑造上的间接性和不确定性，使得文字成为一个想象空间。故事的意义需要依靠读者的个人经验和文化历史背景去阐释，需要读者根据自己的世界观和价值观对阅读对象进行个人化的理解与创造，作者、文本与读者之间存在着精神层面上的对话与交流。

3.1.2 影像叙事特征

电子媒体技术的发展，塑造了以影像为主的视觉文化。早在20世纪30年代，海德格尔就曾提出传播方式由文字到图像的转变，并预言世界图像时代的到来。媒体技术

[11] 罗纲：《叙事学导论》，昆明，云南人民出版社，1994年版，第79页。

[12] 孙为：《交互式媒体叙事研究》，第123页。

[13] 罗纲：《叙事学导论》，第189页。

的每一次创新都直接导致了人们认知结构的转型，以及生活方式、思维观念的变化。

影像叙事是视觉的，或视听结合的。它的叙事形式可以是动画、漫画、连环画、电影、电视、广告片、纪录片、新闻/访谈片等。影像类叙事作品是将文字语言描述的场景、角色、事件转换为影像语言表现的画面和镜头。影像叙事同样地基于时间顺序和因果关系的逻辑连接，正因为它和文本叙事共享了同样的叙事语法，因而叙事可以在不同媒体中转化，影像叙事特征是对文本叙事特征的延续。比如早在电影出现之前，狄更斯的小说中便出现了闪回手法，而托尔斯泰的《战争与和平》运用了大全景与特写镜头之间进行切换的手法。事实上，从影像叙事到后面一节的交互叙事之间也存在类似的现象。

影像类媒体的叙事结构包括线性和非线性。我们将以电影为例，探究影像类媒体的叙事结构。

1. 线性结构

影像叙事线性结构如图3–3所示：图（1）单线性，图（2）平行复线或多线，图（3）结局重合复线，图（4）交叉复线。线性叙事结构是在对西方神话故事和英美文学戏剧传统承继的基础上，通过对电影语言的创始和发展来达成的。制作过《乱世佳人》、《蝴蝶梦》和《太阳浴血记》的好莱坞著名制片人大卫·塞尔兹尼克曾经说过："一部电影最坏的毛病是缺乏清晰性。"线性结构成为经典好莱坞电影的一贯坚守的叙事结构原则。"从鲍特的《火车大劫案》到格里菲斯的《一个国家的诞生》都清晰地展现着电影叙事线性事理结构发展和完善的轨迹。"[⑭]除了单一时间顺序和因果逻辑的线性结构之外，电影叙事学无疑发展出了一整套完善的充满戏剧性和巧合、悬念、惊奇，以及冲突与故事高潮的理论体系。

⑭ 游飞：《电影叙事结构：线性与逻辑》，《北京电影学院学报》，2010年第2期，第75–76页。

在不影响线性时间向度的前提下，倒叙、预叙和插叙，以及多线、交叉叙事结构经常性地受到导演们的青睐。例如《巴尼的人生》影片开头是主人公巴尼晚年的某一天清晨，接下来用大量的倒叙、插叙往返运动展开他与前两任妻子的婚姻，以及如何邂逅毕生挚爱米莉亚姆，而后又最终失去挚爱的伤感故事。风靡一时的美剧《迷失》最后一季采用了平行宇宙的复线非共时性叙事结构，通过运用大量的闪边（flash–sideway）描绘了杰克等人的今生和死后炼狱两个不同时间段内的发生的故事。《通往绞刑架的电梯》中则使用了共时性的复线，两条线索完全不交叉，男女主人公始终不见面，是复线结构的特例。

2. 非线性结构

非线性结构以解除时间顺序为特征。叙事打破事件在时间上的先后顺序，成为不连贯的片段和碎片，用人物的主观心理逻辑取代事件的因果逻辑。追本溯源，非线性叙事源自现代主义，包括超现实主义、表现主义、达达主义和形式主义等。达利意象元素组合的抽象画、立体画派艺术主张

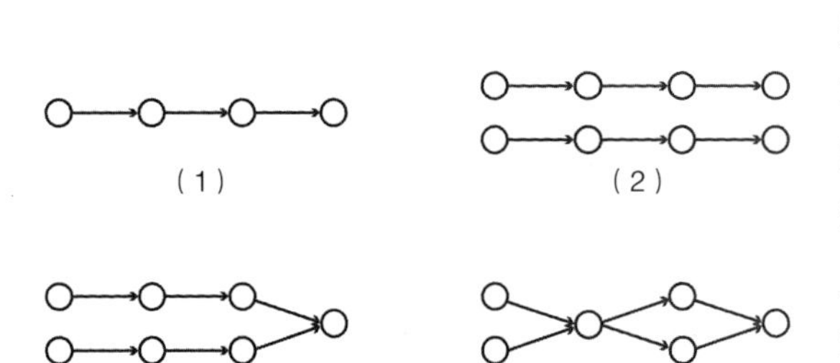

图 3–3 影像叙事的线性结构

（1）

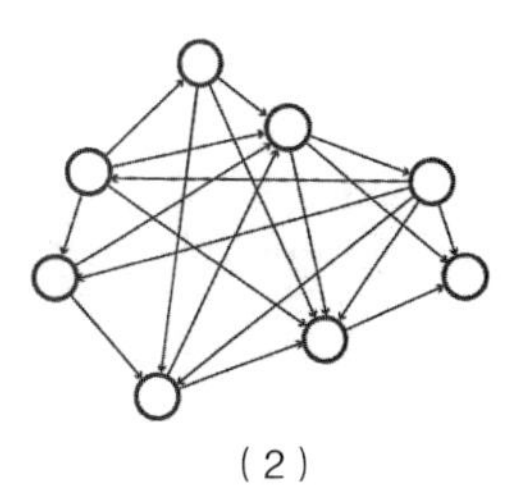

（2）

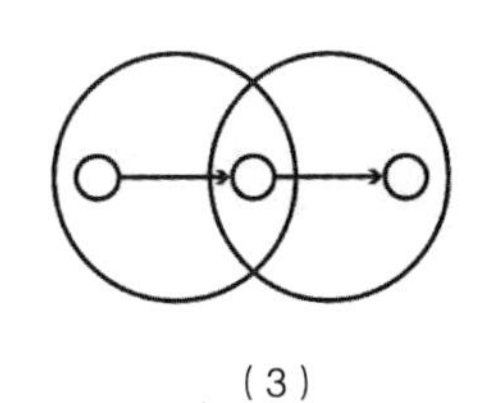

（3）

图 3-4　影像叙事的非线性结构

或达达派的拼贴作品，都表达了对传统理性主义的质疑和挑战。现代主义浪潮席卷了文学艺术的各个领域，影像叙事结构发生了从事理结构到心理结构的转变，新浪潮导演通过碎片化的叙事，用不断地倒叙或叙事遗漏使观众自己去重构叙事，提高观众对阐释情节的参与度，挖掘影片的多重意义。而后电影剪辑将碎片叙事技巧延伸至电子媒体。

非线性结构存在有三种相对稳定的结构模式：片段性叙事结构、散点性叙事结构、套层叙事结构[15]。这三种非线性叙事结构如图3-4所示：图（1）片段，图（2）散点，图（3）套层。非线性结构常与线性结构结合运用，形成复杂的交叉结构。片段性叙事结构，利用时间顺序来构成片段性、偶发和非顺时的情节线索。例如《公民凯恩》采取了多视点和闪回重叠的叙事结构，借鉴广播剧的经验，用五个叙述者分别讲述了报业大王凯恩在不同时期的人生经历，创造出时间上的片段和空间的多视点。《教父》的续集交叉运用了复线非共时性结构和非线性片段结构，影片在时间上来回往返揭示了父子两代教父的为捍卫家族和集团利益的残暴、亲情、责任等多种交织的复杂情感。

散点性叙事利用空间维度结合时间构成偶发和非顺时的情节线索。例如，致力于散点性叙事结构的著名导演罗伯特 · 奥尔特曼，在《纳什维尔》（Nashville，1975）、《短片集》（Short Cuts，1993）和《高斯福特庄园》（Gosford Park，2001）里都运用了这种非线性的结构形式。其中《短片集》运用散点性非线性结构，形成空间上的网状辐射形式。“散点性叙事结构电影被著名影评家罗杰 · 艾尔伯特称为‘插曲式电影（Episodic Film）’，而最近的网络博客又为它创造了一个全新的名字，叫‘超文本链接电影’（Hyperlink Movie）。它与片段性叙事结构电影都遵循着现代电影‘轻情节、重情境’的叙事策略，也就是所谓“形散神不散，笔断意不断”的散文电影。”[16]

套层叙事结构，即“戏中戏”的结构模式，用于表现故事中的故事或是强烈的心理倾向。例如马丁 · 西科塞斯的《禁闭岛》（Shutter Island，2010年），这部据说只有智商150以上的人才能一口气把故事看懂的影片，用一部电影讲述了两个截然不同的故事。影片改编于丹尼斯 · 勒翰的同名小说，在叙事结构中，现实故事和主人公泰迪幻想的故事相互嵌套，你中有我，我中有你，残酷但真实地反映了一个精神分裂者的痛苦的世界。

影像叙事形成了以镜头为主要表现手段的影像叙事语言。一旦文字故事转化为图像、影像，所有对情节的想象和抽象关系便以视觉的形式物化于具体的画面、镜

⑮　游飞在其论文《电影叙事结构：线性与逻辑》非线性（上）部分阐述，现代电影心理结构的非线性有三种相对稳定的结构模式：片段性叙事结构、散点性叙事结构、套层叙事结构。非线性（下）为后现代电影的超验结构。后现代电影的超验结构消解线性，也消解事理的或心理的逻辑关系，只留下超验的、反逻辑的、反戏剧性的叙事结构。参见游飞：《电影叙事结构：线性与逻辑》，第78-79页。

⑯　游飞：《电影叙事结构：线性与逻辑》，第78页。

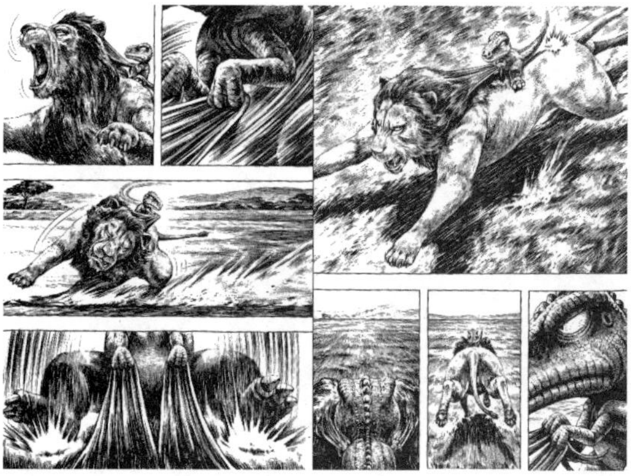

头、蒙太奇句子和摄影机位、布光、构图、色彩、运动、剪辑等影像叙事的语言。例如，田中政志在他的《GON》小恐龙阿贡系列漫画中，没有出现一个字，却能完整地讲述一个刚毅、野性的小恐龙阿贡的故事，如图3-5所示。

图 3-5 小恐龙阿贡漫画

电影叙事则发展了独特的蒙太奇句子与段落的叙事方法，从而形成独特的影像叙事语言。单个画面相当于句子，一组画面的组合成为段落，段落与段落之间的连接关系成为意义生发的重点，如图3-6所示。导演在电影开始拍摄的时候，首先要确定的是哪一个或是哪一系列的摄影机角度和焦距的组接变化能够最有效地将故事呈现给观众，然后是运用哪种蒙太奇方法实现一组镜头向另一组镜头的转换，以传达一种连续的思想。影片的节奏则通过叙事时间把握，“在电影里，等距的时间关系意味着摄影机忠实地记录发生经过，不作任何时间性的操纵。最常见的例子是长镜头拍摄，透过它在时间持续性上的强调，事件的戏剧张力凸显而出”[17]。具有意义的电影叙事镜头信息还包括：特写镜头、旋转镜头、主体构图位置、光线强弱、速度与节奏、声音的强弱等。

影像叙事媒体表现为各式各样的屏幕或界面，它的叙事方式依然是单向的，从作者、作品到读者的传播过程，在电影电视的叙事中，是作者/作品—编导—读者。相比较于文本类叙事空间的不确定性，影像类叙事空间具有更多的确定性。福勒写道：“在电影中你必须详尽无遗地展现某一张椅子、某一件衣服、某一种道具，但在小说中你却可以把它们统统省略，你可以仅仅描写一段对白，这是一件消极的事，但这件事却是电影制作者万难做到的，作为一个小说家，你不必‘填满‘整个银幕，小说家的欢悦就在于可以在每一页每一行中留下空白”[18]。

直观的场景、生动的形象叙述已成为影像类媒体叙事的话语方式。一种无须思考的、对明确形象的直接观看活动，取代了阅读小说时依靠读者个人经验去建构的想象

[17] 陈晓伟：《论结构主义叙事学的发展及其对电影叙事学的影响》，《济南大学学报》，第15卷第4期（2005年），第53页。

[18] 罗钢：《叙事学导论》，第184页。

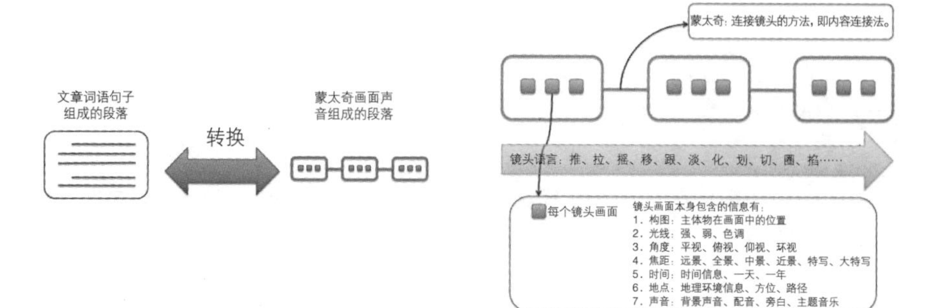

图 3-6 蒙太奇叙事方法（左图：信息转换，右图：蒙太奇连接结构）

与再创造的思维活动。然而，这种“高清晰度”的媒体，“给受众提供了充分而清晰的信息，所以受众被剥夺了深刻参与的机会”[19]。“在此种意义上，根据文学名著改编的影视剧终不能满足观众的期望。”[20]但对于以图像文化为特征的信息时代来说，影像叙事无疑是一道容易消化的视觉快餐。

[19] ［加］马歇尔·麦克卢汉：《理解媒介——论人的延伸》，中译本第一版序，第2页。

[20] 孙为：《交互式媒体叙事研究》，第18页。

3.1.3 交互叙事特征

交互类时间性媒体的叙事是对文本叙事和影像叙事的继承。在融合了文本叙事和影像叙事结构的基础上，形成结合文字、图形、符号、影像、声音等多种媒体的叙事话语。交互叙事广泛涵盖的媒体形式有：交互信息图表、数据可视化、交互影视/广告、交互展示、交互游戏、移动应用程序、新媒体艺术等。

交互叙事的结构是可以是线性、非线性，或线性和非线性的结合，以及由此产生的分叉和碎片，如图3-7所示。交互游戏通常是线性和非线性的结合，线性结构是故事的背景和游戏的主线，非线性结构是游戏过程中由用户的交互行为产生的分叉线索和叙事片段。穆尔曾指出，“多媒体故事总存在着几个表现系统的交叉，而且每个系统经常讲述自身的故事。……多媒体故事将更加异质化、多样化、碎片化、间隔化或饱和化”[21]。

[21] ［荷兰］约斯·德·穆尔：《从叙事的到超媒体的同一性》，《学术月刊》，第38卷第5期（2006年5月），

尽管游戏遵循自身的时间线，在分叉结构中的事件则根据用户参与游戏的程度引发。故事和故事叙述只提供了一个背景和大的故事框架，故事本身则需要用户在游戏中的参与完成。读者、观众或用户的可参与性是区别于文本叙事和影像叙事最明显的特征。对此，索布拉尔（Diniel Sobral）在《情节引导中的写作管理》（2003）一文中指出，“为了使叙事有交互性，我们需要弹性的叙事流允许用户影响故事。另一方面，故事作者需要保持某种前定结构的叙事流，以保证故事的高潮。这两个明显对立的目标导致了叙事悖论。……为了平衡这两个经常对立的目标，交互性叙事系统必须支持弹性写作过程，作者不应直接控制故事中人物的行为。相反，只应提供让用户可以扮演角色的背景”[22]。冒险、策略、教育类游戏往往提供多重选项，即多种发展路径，游戏关卡与答题环节设置为主情节线上的分叉口，用户所作的选择将导致情节的进一步发展或重复。因而线性的情节被切为片段，处理成为数据库中由用户行为引发、调用的事件。

[22] 孙为：《交互式媒体叙事研究》，第74页。

例如《刺客信条3》（Ass-assin Creed 3），这款由法国Ubisoft公司研发了三年之久，于2012年10月推出的3D动作历史奇幻类冒险系列游戏，其故事背景设定在1753年至1783年间的美国独立战争时期。场景主要发生在纽约和波士顿。主角是一位

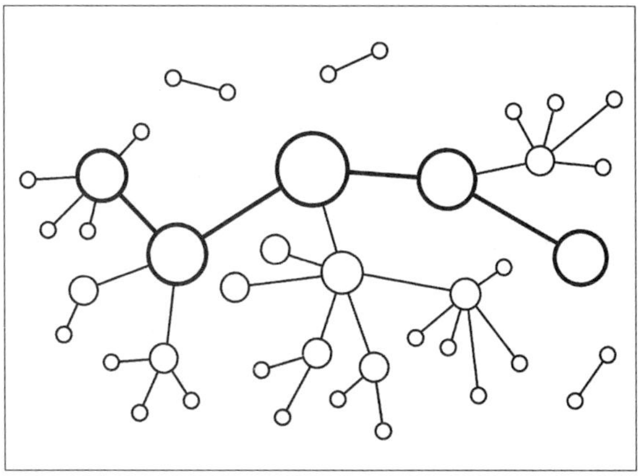

图3-7 交互叙事的结构

叫 Connor 的英美混血儿，Connor 由莫霍克族、原住纽约州的印第安人抚养长大，在英国殖民者进攻并烧毁了 Connor 的村庄后，他最终走上一条对抗暴政的道路。用户将扮演名为 Connor 的刺客，在独立战争时期的美国各地展开冒险，并将亲历革命时期的各类重要事件。游戏所提供的故事主线和刺客组织与圣殿骑士的斗争是线性的，用户必须完成主线中的基本任务才能过关，以推动情节向前发展；由用户选择的部分，如用户在支线中可以选择的任务，碰到哪些人，亲历哪些事件，有没有建成自己的根据地，是否探索了游戏中庞大的世界等，则是非线性的、分叉的、碎片结构。

因此，交互游戏的情节线是故事的主线，它是线性的，这部分的叙事基本以电影叙事的形式，由设计者设定的任务组成一系列的情节事件，提供用户必须完成的基本任务。主线之外，游戏还提供可供选择的分叉情节与任务，以及实现最终胜利的多重途径；另一方面，用户在支线中对任务的选择、偏好、行动将产生树状结构的分支故事线、可能产生的不同故事和取得胜利的不同途径。支线的叙事是非线性的，它的叙事逻辑随着用户的选择行为而改变，从不同的支线对故事主线进行丰富和补充。

交互类媒体的叙事语言是交互界面。交互界面对于叙事更是一种环境和手段，从视觉上引导，在操作和理解两个层面帮助用户达到预设的各种目标。交互界面是由导航、按钮、控件、链接、文字、图形图标、影像、动画、声音等构成的系统。人机交互界面使用图形化的隐喻、象征的组织模式构建叙事环境，新媒体艺术则将界面的范围扩展到由传感器捕获的姿势、光影、速度、重量等物理数据的可视化或听觉的呈现形式。媒体技术改变了信息的获取方式和媒体作为载体的形式，同时也改变了叙事方式和结局。“新媒体艺术理论家 Janet Murray 认为，未来将出现一种叙事化的新媒介，可被称作赛伯戏剧（Cyberdrama）。这一媒体采用人工智能和信息技术进行情感表达和艺术再现。例如耶鲁（Yale）大学的 Tale-Spin 系统可以讲述各种伊索寓言式的文本故事；哥伦比亚大学（Columbia University）的 Universe 系统可以生成没有固定结尾的肥皂剧；而卡内基梅隆（Carnegie Mellon）大学的Oz 系统能够依照剧本进行随性的交互表演。”[23]由 Golan Levin 等艺术家表演的 Messa di Voce，融合了舞台表演、OpenFrameworks 编程图形与动画，加入演员的声音控制、姿态交互，创造了一种表演与叙事的奇幻形式（图3-8）。加州大学伯克利分校和微软研究院共同开发的 ChronoZoom 运用数据可视化方式，交互地、动态地讲述了一部宏大的宇宙史诗。从人类、史前人类、生命、地球、宇宙这五个维度，用时间轴来“展示”、“叙述”各个历史时期的事件和数据，如图3-9所示。

[23] 鲁晓波、黄石:《新媒体艺术——科学与艺术的融合》,《科技导报》，第25卷第13期（2007年），第33页。

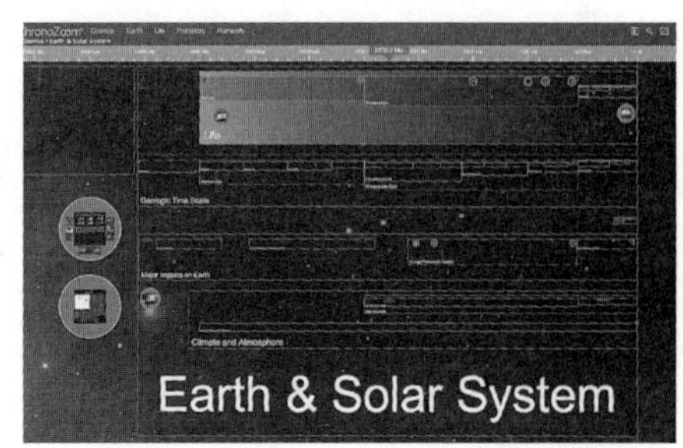

图 3-8 新媒体艺术 Messa di Voce
图 3-9 ChronoZoom：宇宙的数据可视化

图 3–10 “嘉年华水族馆”基于声音识别的交互手机游戏

与文学、电影的叙事时空相比，交互类媒体的叙事时空是多维度的。文本叙事和影像叙事中连续、完整、封闭、有边界的固定叙事时空，被非连续、断裂、开放、无边界的弹性叙事时空取代。我们可以在传统小说、电影中找到固定的叙事元素、情节线，以及按逻辑推理而来的结局。在交互叙事空间中，叙事元素被并置安排、相互链接，围绕特定主题形成发散式的空间结构，而用户的交互行为的随机性、任意性都直接导致故事结局的开放性、变化性、重复性和不确定性。多维度的另一个表现，是时间上的多线索并进。线性发展的时间轴在交互叙事中被解体、重构，故事的情节线索被切分为片段，用户可以选择故事开始的地方，也可以决定在故事的某一点结束。

新媒体艺术、公共艺术、教育领域中的虚拟现实、增强现实、混合现实等技术拓展了叙事的空间，将现实空间与虚拟空间并置与混合，创造出亦真亦幻的环境。例如“嘉年华水族馆”交互音乐手机游戏（图3–10），是基于声音识别、计算机视觉技术、Flash动画、移动游戏软件开发的混合实境手机游戏。人们通过拨打提供的手机号码，接通之后用大声叫喊的方式，引发屏幕中生成梦幻的气泡，然后气泡会根据声音强弱变出一种海洋的生物，接下来人们控制手机的按键，来维持鱼的游动、进食等活动。再如，纽约新学院大学的帕森斯设计学院，SMALLab 工作室利用 Kinect 等技术开发出沉浸式虚拟学习课堂，将数学、物理、化学、历史等中学课本知识与游戏结合，学生和老师通过控制手柄与投射到地面的投影交互，极大地调动了学生参与学习的兴趣，如图3–11所示。

相比较与文本叙事和影像叙事由作品单向流向读者的封闭式系统，交互媒体叙事是由作者、作品、读者，再到作品构成的双向式、开放式系统。作者既是叙述者，同时也是设计者、编程者、管理者，叙事框架的建构者和规则的设定人。读者既是观众，也是用户、参与者、玩家，内容的完成者。类似于 Wikipedia、flickr 这样的 Web2.0 自发式互联网模式，作者与用户的身份甚至可以互换，网站设计者为自发式结构提供框架，结构目录和内容也不由设计者一人创造，而是随用户创建而自然产生。海登·怀特在《后现代历史叙事学》中指出，“数字时代的叙事还包含着读者/

图 3–11 SMALLab 工作室开发的虚拟学习课堂

用户自身的感受、思考与参与，在开放式的语境中共同构建一个叙事系统”[24]。除了具有传统叙事的场景、角色与情节外，交互叙事将文本、影像叙事中作者设定的情节，转变为由用户主导的情节完成过程。读者参与作品的创造，角色的扮演，故事的挖掘，话题的设定。因而，交互叙事的方式是一种双向传播的过程，用户的参与引发多结局、多情节、多路径叙事，写作和阅读的方式都是开放的。在这种叙事方式下，作者与读者身份的模糊与互换，使每个读者成为潜在的作者。因此交互叙事同时由作者的意向以及读者的诠释共同构成。

[24] 孙为：《交互式媒体叙事研究》，第9页。

3.2 交互叙事的模式

交互和叙事向来被认为是一种悖论。有人提出，数字化技术使传统的叙事走向灭亡。还有人认为数字游戏的交互性破坏了传统叙事的线性情节。甚至还有这样的说法，“故事诞生为文学、成长为影视、终结为游戏”。

面对交互叙事的种种质疑，我们看到的是，无论是数字游戏、移动应用、数字化学习，还是交互广告、交互展示、虚拟社区，越来越多的教育机构、企业、公司、管理部门选择叙事的形式来策划产品、设计产品、推广产品；将叙事融入对数据的挖掘、对品牌的塑造和关注、对产品情感诉求的满足、对审美价值的提升、对多元文化的理解。过去的五年当中，“叙事”一词一直都是众多领域的研究热门，而交互叙事如何实现交互性和情节的结合，也是当今信息和媒体设计者共同思考的问题。

本文认为，交互叙事的过程有着可以预见的、重复出现的规律，根据其叙事性，笔者提出六种常见的模式，以实现交互性与情节的结合。这六种模式也不是绝对地划分，相反，它们更有可能以相互重叠的方式存在。当然，适用于所有的设计目标的模式显然是不存在的。重要的是设计者在设计分析的过程中，针对具体的设计目标、事物的特点，以及是否便于叙事的角度，来选择正确的模式。能够勾勒出那些我们已知的确实存在的，但又难以看到的联系，这便是模式的意义所在。

3.2.1 表达模式

表达模式是对事物的表达与呈现，它是交互叙事最基本的模式。有人会说，媒体、叙事从来就是关于如何表达，为何还要命名一种模式。毋庸置疑，这种模式是基于叙事媒体的本质特点。但是如果我们换一种思路，这种表达，是否运用了直观的视觉化图形图像，是否能激起读者强烈的兴趣，是否把讲故事巧妙地融入视觉设计当中，就要另当别论了。

约斯·德·穆尔认为，“个人主页依然有一种叙事的特征。尽管它们是多媒体和多线性的，但仍是一种讲述故事的方式”[25]。在上一章提到的英国平面设计师奈杰尔·霍姆斯（Nigel Holmes），他的设计将叙事恰当地融入了个人主页的表达。

[25] ［荷兰］约斯·德·穆尔：《从叙事的到超媒体的同一性》，第34页。

简洁、干净的蓝底色页面（图3-12），中心站立着奈杰尔本人的卡通形象。在他的两边，左右两列以纵向的方式排列着相同大小、不同内容的圆形图标，分别代表六个他想要观众了解的不同方面的信息：信息图表作品、写的书、发表的文章、短视

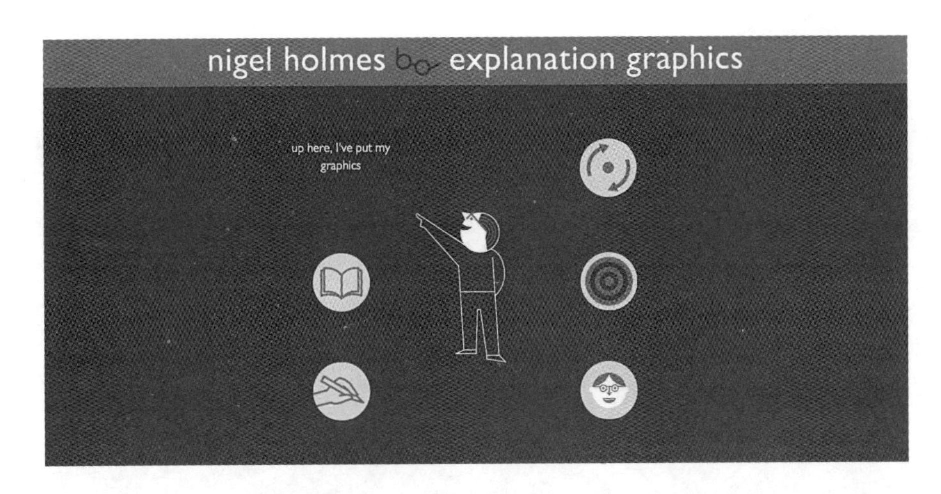

图 3-12 设计师 Nigel Holmes 主页

频、随感、生平。页面上放置卡通人物形象没有什么稀罕，用图标分类并导航也不奇怪，设计的巧妙之处在于，鼠标置于图标上方时，奈杰尔的卡通形象就会用手指向那个图标，圆形图标在同时变为说明性文字。文字也亲切可爱："我把我的图表都放到上面这儿啦（up here, I've put my graphics）。"页面的生动性远超过简单的目录导航条，属于过目难忘的级别。

不少优秀的信息设计师都是讲故事的高手。曾经设计过1968年墨西哥奥运会的Lance Wyman，他的网站由图标构成的按照时间线索排列的螺旋图形进行叙事。富有创意的螺旋图形，按照由内向外的顺序，代表了按时间排列的个人设计纪事，每一个图标代表着设计师的一个设计项目，这就是一种叙事的思维，一种讲故事的方法。更巧妙的是将他的个人设计纪事分类为合作、事件、服务、机构、交通、城市的主导航目录，放在页面顶部的导航条位置。当鼠标放置在主导航任一目录上时，螺旋图形上将显示该类的全部项目，即该类型的设计案例会全部点亮，其他案例则显示为灰色的不启用状态，如图3-13下左和下右所示。

叙事不仅用于表达和呈现世界，还能连接人们的精神世界，形成共同兴趣爱好的社区，同时用来开发商业价值。在叙事热持续高温的背景下，近两年出现了一大批以讲故事为主题的网站。这类网站分为两类：照片和插画，特点是直接以叙事的方式，表现作者的真实生活与精神世界。照片类叙事网站具有代表性的有 Storify 和 500px，和博客类似，此类网站用照片或结合语音的照片向人们讲述、分享自己的故事，评论、关注他人的故事，以建立一种生活和心灵的连接。插画类的讲故事网站

图 3-13 设计师 Lance Wyman 主页

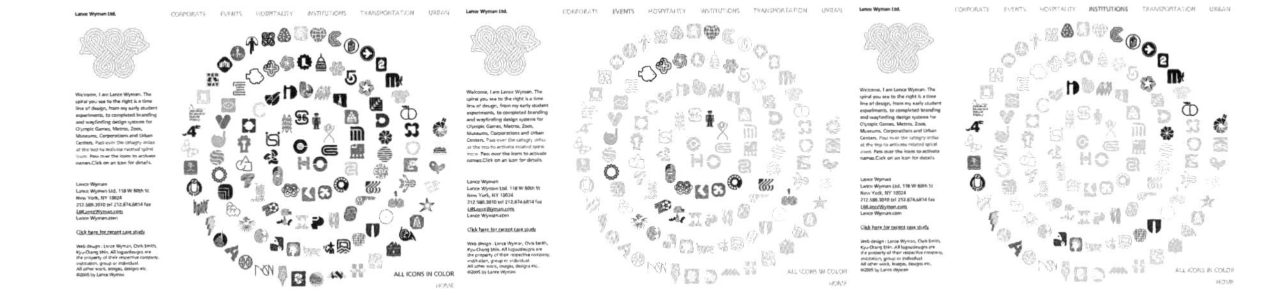

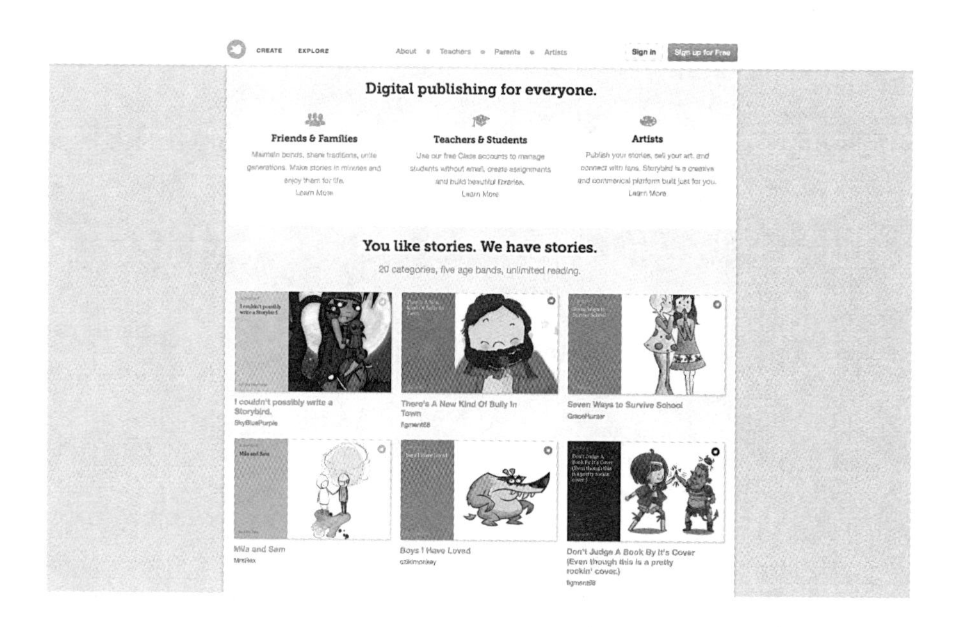

图 3–14 Storybird 网站首页

中，Stroybird 无疑是极具特点的一个，如图3–14所示。网站将插画艺术家和有手绘技能的人们聚集在一起，通过上传自己的手绘故事作品，实现与亲朋好友分享、师生课堂教学、电子出版/销售三大功能。

3.2.2 协同模式

协同模式是指需要用户参与共同完成故事的讲述。协同模式，包括儿童教育的交互叙事产品、交互媒体装置和新媒体艺术等。儿童交互叙事产品，有三种协同叙事类型：①儿童协同系统共同完成故事的讲述；②儿童扮演故事中的某个角色；③儿童扮演导演，根据素材来编排、创造自己的故事。

《鲸鱼岛的冬天》(Winter on Whale Island) 是面向3~7岁儿童的 iPhone 和 iPad应用程序 (图3–15)，在开头的故事背景交代过后，内容围绕“鲸鱼岛”上小猪的梦想展开。孩子需要做的就是根据画面提示，满足小猪的各种愿望。例如小猪想要充足的阳光和云彩，或者想要下雪可以滑冰等，孩子可以通过放大太阳，使海面产生水蒸气形成白云；可以合并白云，使其变成乌云后下雪；对着麦克风吹气，便可让海面结冰等各种操作来满足它的愿望。此外还有触碰树林飞出小鸟，碰到水面跳出小鱼，碰到厚度不够的冰面会产生裂缝等许多隐含操作等待孩子去发现。他们会在这些“意外”中获得探索与尝试的乐趣，同时还能了解到相应的自然知识。类似的例子还有《卡普森林》(Kapu Forest LITE)，《爱探险的朵拉》(DORA

图 3–15 《鲸鱼岛的冬天》

the EXPLORER）等。

第二种类型是儿童参与扮演交互叙事中的角色。乐豚（Yippee Arts）公司的《笨笨熊的故事》系列（图3-16），提供了一个孩子与父母之间互动的道具：爸爸和妈妈都可以给孩子读故事，并且把声音录制下来，这样一家人的声音就都录制在故事中了。儿童在角色扮演过程中，获得了讲述故事的主动性和乐趣。

第三种类型是儿童可以根据素材来编排、创造自己的故事。美国 Duck Duck Moose 公司出品的小仙女的童话故事 Princess Fairy Tale Maker，用贴纸和涂鸦的方式，满足很多小女孩的童话梦（图3-17）。贴纸部分提供了仙女、美人鱼、独角兽、动物等丰富的素材，儿童可以充分发挥想象力来构图，再配以录音，创作专属于自己的童话故事。涂鸦部分则精选了仙境、城堡、森林、天空等取材于经典童话的素材，结合各种有趣的特效、背景、画笔，让儿童能够尽情发挥创意，培养早期的色彩感和空间想象力。123 Sticker 能够让儿童创建和绘制贴纸场景，自由地用手指绘图，同时能够聆听音效、有趣的背景音乐和儿童歌曲。类似的交互叙事产品还有 PlayTales 、TinyTap 等 。

在物理编程的交互叙事方面，国内外不少研究机构取得了探索性的研究成果。MIT的 StoryMat[26]设计了一个实物界面——活跃的毯子，在儿童玩耍的时候捕捉听取儿童的声音，儿童可以在毯子上使用各种道具进行游戏，讲述自己的故事。StoryRoom[27]则是 Maryland 大学计算机科学系的人机交互实验室为4~6岁儿童设计的物理交互环境，在 StoryRoom，儿童通过感应器和道具设计故事，也可以参与他们通过物理编程创作的故事。

交互叙事的协同模式在新媒体艺术、交互装置艺术中具有普遍的意义。新媒体艺术中的协同叙事可以通过《1000手机》[28]的交互移动媒体作品来说明。《1000部手机》是一件由纽约 Parsons 设计学院和清华大学美术学院的师生在2008年合作的移动媒体装置（图3-18）。作品揭示了不可见的对话，这种对话不断发生在我们游牧般的城市日常生活中所携带的网络化设备之间。装置包括多种表现方式，诙谐式地视觉呈现，并用动画显示坐落区域内所侦测到的个人移动电话的蓝牙设备。这些蓝牙设备在屏幕空间的尺寸中被表现为抽象的圆形，通过用颜色诠释出设备的独特识别码，来区分色调和颜色。这种简单但令人记忆深刻的效果不仅强调了一个身份号码作为一种类别的颜色，如何使我们携带的网络化设备变得具有显著可见的特征，同时还将混乱

[26] http://www.media.mit.edu/gnl/projects/storymat/

[27] http://www.cs.umd.edu/hcil/kiddesign/storyrooms.shtml

[28] https://vimeo.com/61973470, 或http://v.youku.com/v_show/id_XNjA0NDg1MDAw.html

图 3-16 《笨笨熊的故事》iPhone 和 iPad 应用程序
图 3-17 Princess Fairy Tale Maker

图 3-18 北京中国美术馆“合成时代2008”展览的交互媒体作品《1000手机》

的技术数据重塑表现为具有审美性和连贯一致性的设计作品。此外，探测到的设备名字的动画穿过屏幕，强调了我们携带的追踪设备瞬时即变的本质，不经意地为任何愿意倾听的人或物件播放一种独特的识别码。通过将作品安装于公共空间，如咖啡厅或大厅的方式，作品捕获了未被觉察到的移动手机和笔记本之间对话，随着主人的隐退和入局，播送着彼此的蓝牙身份。在参与者协同完成作品的那一刻，所有可见和不可见、技术和审美、监视和传播、机器和人们之间的对话，都交织为一个简单而令人愉悦的表现形式。

3.2.3 线索模式

线索模式是将一个故事的情节作为线索，引出或展开将要表述的内容，经过组织的内容嵌套在故事中，成为独立的单元，各单元之间由主情节的线索连接。常见的线索模式有教育游戏，学习类应用软件等。

Mingovell 是一个儿童英语学习的网站，自2007年成立以来，已由一个在线的交互英语学习网站成长为面向世界的英语学习社区。网站将叙事、学习、游戏结合到一起，创造了一个以火烈鸟一家为叙事线索的学习环境。

网站分为两大模块，学习和游戏。在学习模块，分为10个单元。每个单元有若干课程。进入单元后，由左上角的火烈鸟，妹妹 Candy 介绍单元一的主要内容（图3-19），有时候是其他家庭成员介绍，然后进入单元一的课程列表。选择课程一开始学习课程。学习结束后，出现反馈界面。

网站采用儿童喜欢的卡通风格，设计了一个火烈鸟的家庭。所有的家庭成员都有自己的名字和不同的性格（图3-20），所有的课程都由这些火烈鸟家庭成员作为讲解人。每一节课的内容和儿童日常的生活息息相关，例如给家庭成员的衣服着色、吃

图 3-19 Mingoville 学习模块界面
图 3-20 Mingoville 家族族谱

豆人游戏、全家户外郊游等。跟读、重听、录音、字典等按钮固定设置在主学习界面下方，结合真人语音交互答题。充满了丰富想象力的界面和卡通形象，拟人化的手法，带有游戏性的学习和对儿童世界的叙事风格的成功模仿，是其激发儿童学习兴趣的重要原因。

3.2.4 情境模式

叙事情境的概念是由奥地利学者F·K·斯坦泽提出的。在传统叙事中，叙事情境是指叙述者与故事之间的不同关系。最基本的叙事情境有三种：第一人称叙事情境，作者叙事情境，人物叙事情境。[29]

对于叙事情境的划分，不同的学者有各自不同的分类方法。叙事情境实际上就是叙事角度的问题，叙事向来要受到角度问题的调节。叙述者所站位置对故事的关系，可以被归纳为交互叙事的一种模式。

传统的语言学习，是老师教你来学，或书本教你来学，内容无外乎就是单词加语法。在这个过程中，学习者的角度在这个叙事链上似乎永远都处于第三人称：老师或书上的规则、情境联想或翻译转换、学习者。学习者死记硬背，是因为书上是这么写的，所以需要记住。语言学习软件 Rosetta Stone，一反常规，学习者被“投入”到一个“真实”的语言环境当中，“沉浸式”地以第一人称直接面对照片——生活的人物、对话、场合、事件。这是叙事情境的改变，也是叙事角度的转变。作为第一人称的学习者，一个主动的参与者，不再需要死记硬背，面对图片如同面对真实的生活，用最接近语言学习的原始方法，在语言环境中获得最真切的体验（图3-21）。

3.2.5 任务模式

多数游戏都是带有任务的。游戏的过程可以视为完成任务、使命的过程，是一种为了得到某种结果、实现某种目标而进行的有规则的活动，无论这种任务是为了闯关取得最后胜利、冒险最终战胜挑战、下棋最后赢得对方，还是积分获得最大的满足。在很大程度上，对故事任务的策划和设计，决定了这款游戏是否能在市场竞争中上生存下来。

[29] 罗钢：《叙事学导论》，第163页。

图 3-21 Rosettastone 语言学习软件界面

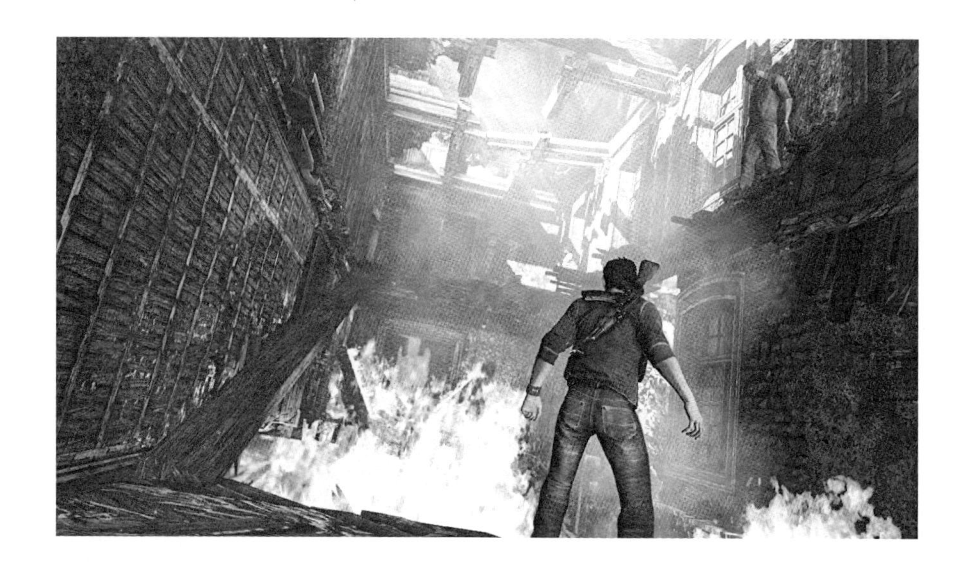

图 3-22 Uncharted 3 游戏截图

由 Naughty Dog 公司为 PlayStation 3平台开发的冒险动作类游戏系列《神秘海域3》(Uncharted 3，2011)，其故事的灵感来自英国军官托马斯·爱德华·劳伦斯(Thomas Edward Lawrence)早年身为考古学者时在中东的考古经历。游戏的故事围绕男主角奈森·德雷克(Nathan Drake)与搭档维克托·苏利文(Victor Sullivan)，深入阿拉伯沙漠寻找失落的古城"千柱之城"(Iram of the Pillars)而展开的与黑帮的殊死斗争、与女主角的情感纠葛等一系列扣人心弦的冒险故事(图3-22)。游戏主线以线性叙事结构为主的电影式的表现手法和每一集中特定的任务设计，让寻宝的过程惊心动魄，情节跌宕起伏。

如前所述，传统叙事的情节是线性的，单向传播的过程；交互叙事的情节是线性和非线性结合的，是双向传播的过程。在线性和非线性的交叉节点上，完成游戏任务成为推动交互叙事情节往前发展的唯一途径。用户不能完成游戏任务，则重新返回起始点；顺利完成任务，则游戏进入下一关。这样一个重复的过程，直至通关赢得游戏最终的胜利。站在用户的角度来看，对游戏任务的完成程度是用户参与游戏的程度，即交互性程度。因此，在游戏中如何实现交互性和情节的结合，就是对游戏任务的设计。游戏任务的设计是否巧妙、恰当、引人入胜、承上启下，是否符合当前游戏级别，以及符合情节的需要，是交互游戏设计的重要议题。

交互叙事的任务模式也被广泛地运用于教育游戏的军事、医疗、技能培训等领域。例如，应用在医学领域的游戏 Treasure Hunt(寻宝)，是一个支持儿童心理治疗的教育游戏。The Oregon Trail(俄勒冈之旅)，这是一部以美国开拓西部历史为背景的冒险游戏，玩家在玩这款游戏的同时可以学到丰富的美国西部历史。这些游戏在策划阶段，将任务设计紧密结合到游戏故事的情节发展之中，通过完成每一关卡中的任务，让用户循序渐进，达到学习技能、增长知识的目的。

基于安卓平台的手机教育游戏 Robert Driver[30]，是针对国内驾校应试化、交通事故频出等问题，提出的一款安全驾驶游戏创意设计(图3-23)。游戏采用以机器

[30] https://vimeo.com/61976687，或http://v.youku.com/v_show/id_XNjA0NDU5MDI0.html，设计者：邱瀚玉，设计指导：黄海燕。

图 3-23 Robert Driver 手机教育游戏设计

人一家的生活为背景，用日常生活中和驾驶相关的故事，如接送孩子、周末郊游等，构成游戏主线索。游戏关卡中设定的任务，则是用户在进行游戏的过程中需要作出的答题，答题正确才能继续游戏，顺利过关。在趣味答题、动画、过关的反复过程中，将安全驾驶教育的五个相关部分知识：汽车部件知识、交通知识、行车安全规范、不同路况和突发情况的应对融入游戏当中。

3.2.6 空间模式

空间模式是将空间作为交互叙事过程中一个重要的元素。在空间的转换中，交织并贯穿叙述、表达、阐明的主题，观众的参观路径成为叙事的路径。空间模式常常用于交互展示、博物馆设计、公共空间的陈列、基于位置的游戏、基于位置的叙事等。

Real Time Rome（图3-24）是 MIT SENSEable City 实验室2006年由 Richard Burdett 教授指导的项目，项目与当地的电信部门合作，取得了当时罗马城里的手机通信、公交车、出租车运输数据，用数据可视化手段表现为一种便于理解的城市动态实时显示。通过对空间数据的揭示、对城市脉动的诠释，帮助个人作出对环境有依据的决定，减少城市系统的低效率和为未来城市可持续发展开辟新的途径。

参观过英国伦敦自然历史博物馆的人一定会对人类生物学馆（Human Biology Gallery）记忆深刻。人类生物学馆用建构于空间路径的叙事模式，解释了关于我们身体的各种数据和事实，系统地讲述了人体的奥秘。肌肉骨骼系统展馆叙述了从肌肉到骨骼的运动原理。中枢神经系统展馆告诉我们人的大脑和脊髓如何

图 3-24 Real Time Rome

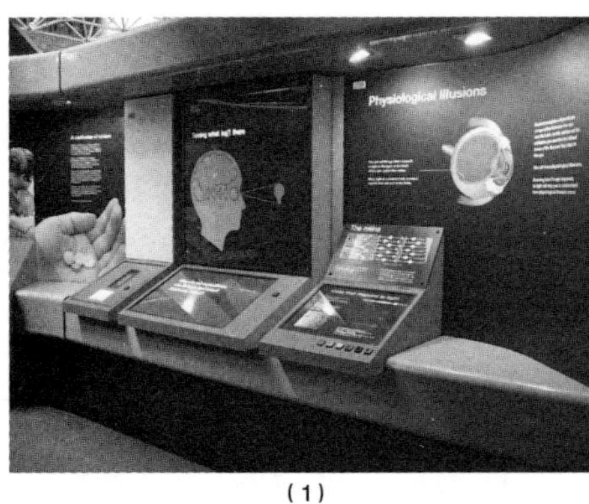

(1)

(2)

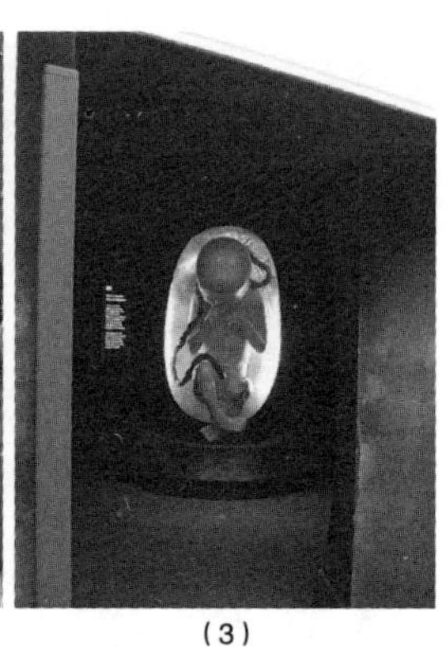

(3)

图 3-25 英国伦敦自然历史博物馆的人类生物学馆，(1)视觉系统展馆，(2)血液系统展馆，(3)沉浸式"子宫"展厅

通过一个复杂的神经元和感觉器官的网络来运行，大脑的构造以及大脑如何控制行动，如何收集、如何处理感官捕获的信息。如图3-25图（1）所示，视觉系统展馆讲述了大脑如何和眼睛一起工作，以及我们为什么会产生视幻觉。如图3-25图（2）所示，血液系统展馆展示了血液和激素血液如何工作，激素又是如何影响你的身体、感官和神经系统。沿着叙事的路径，你可以在沉浸式的"子宫"展厅内，如图3-25图（3）所示，重温你在胎儿时听到的各种声音，走出子宫展厅你还能看到有关宝宝从出生到成长的过程和各种数据。

从外而内，再从内到外，整个展馆分主题地叙述了一个对人体探秘的旅程。空间在叙事过程中不仅使主题分布开来，而且形成一个连贯、系统的叙事线索，把各个部分有机地联系起来。在每个分展区，有大量的沉浸式体验室、投影间、交互展台、实物交互、数字交互，或二者的混合，内容丰富翔实，手法千变万化。

信息技术的发展使提供基于位置的服务成为可能。基于位置的叙事（Location-based Narratives）已在不少地方流行开来，特别对那些具有历史名胜的小镇，当游客用手机等设备扫描建筑外墙的二维码（QR Code）后，他们的移动终端就能获得与此地点相关的历史、名人、文化故事和事件。空间不仅成为历史文化的叙述环境，游客所在的位置成为叙事内容，他们在由空间建筑和古迹构成的叙事线上游览，在时间上回顾小镇的历史与记忆。

3.3 跨媒体叙事

跨媒体叙事（Transmedia Narrative）是指利用数字技术，在跨媒体平台上讲述故事或呈现事物的方式。为了能获取观众注意力，或让用户参与其中，跨媒体叙事运用不同的技术，在不同形式的媒体中创建独特的故事内容。下面的内容将要探讨什么是跨媒体平台，为什么需要跨媒体叙事，以及跨媒体叙事具有什么特征。

3.3.1 跨媒体平台

跨媒体平台是由印刷品、多媒体、iPhone、iPad、摄影、互联网、电视、电影、游戏、广播/声音产品共同构筑的媒体平台。随着新技术的涌现，这个领域中的媒体形式还将不断扩张，形成一个新旧交融的媒体平台，新的媒体不断地将相对旧的媒体转化为自身的内容。跨媒体平台构成了叙事的新领域（图3-26）。探究跨媒体叙事现象的原因有四个方面：

图3-26 跨媒体平台与跨媒体叙事

其一，媒体技术决定着叙事的传播方式。从媒体技术的演进历程来看，叙事随着摄影、电影、电视、广播等技术的发明，不断发展自身的生产与传播方式。在跨媒体平台中，信息作为内容，可以借助数字化技术在各媒体形式中实现转换，因而信息具有了流动性的特征。“流动性意味着信息的跨媒体传播，用户可以自由地根据需要使用媒体。”[31]

其二，人类对叙事和表达的需求，“不仅意味着我们可以在各种叙事中表达我们的经验和行动，而且意味着我们的生命不断激发我们这样做”[32]。人类的本性也可以解释为一种不断寻求叙事的过程。

其三，叙事的关联特性，不断激发着人们探寻同一叙事内容的最佳表现方式。热奈特在《新叙事话语》中也曾指出，“叙述体的特殊性存在于它的方式中，而不存在于它的内容里”[33]，叙事的内容也可用戏剧、图表或其他方式来表现。这种叙事的关联和扩张性，得益于媒体形式的演进与丰富。“叙事的这种普遍性与可行性，以媒介的普遍性为基础，一方面媒介的丰富性为叙事的产生创造了条件，媒介的不断演变为新的叙事形态创造了可能性。另一方面，叙事体裁的变化与丰富也得益于媒介的变化。”[34]

其四，从文化层面上看待叙事，如同阿姆斯特丹大学教授米克·巴尔认为，“文化中的一切相对于它具有叙事的层面，或者至少可以作为叙事被感知与阐释。叙事是一种文化理解的方式，是对于文化的透视”[35]。我们如何叙事，也透露出我们站在什么样的视角，如何理解自己的文化。根植于一种文化的叙事，可能在不同的文化背景下有着不同的视角和理解方式。跨媒体叙事能提供一个对文化多视角观察与审视的舞台。

[31] 孙为：《交互式媒体叙事研究》，第55页。

[32] ［荷兰］约斯·德·穆尔：《从叙事的到超媒体的同一性》，第32页。

[33] ［法］热拉尔·热奈特：《叙事话语》，译者前言，第8页。

[34] 孙正国：《媒介形态与故事建构》，上海大学博士学位论文，2008年9月，第15页。

[35] 孙为：《交互式媒体叙事研究》，第7页。

3.3.2 跨媒体叙事的特征

当跨媒体的多种选择给人们提供了获取信息的便利时，同时也带来的选择上的困扰。对跨媒体叙事的设计，关系到用户如何根据需要选择使用的媒体，关系到企业、商家如何选用合适的媒体推送发布信息，也关系到我们每个人的世界与他人的世界如何连接与分享。

1. 融合性

跨媒体平台是由多种媒体及其丰富的媒体形式构成，叙事不再局限于一种媒体，更呈现出一种融合的特性，不同媒体之间的边界正在消退。对媒体的设计，以及如何有目标地选择媒体，已经成为设计者首先需要考虑的问题。例如，手机、互联网已逐渐成为主导媒体，当我们设计一款手机平台的健康医疗应用程序时，需要考虑到为满足用户的需求，设计任务将会辐射到哪些平台。对此设计任务展开设想的情况可能包括：移动状态下，用户使用手机查询与监测；每一天或每一阶段互联网平台的个人数据上传与分享；或是将反馈信息发送至个人邮箱以供保存和参考。对于数字时代的设计，Richard Saul Wurman 指出，“数字时代的构思越来越要求措词、图片、声音、触觉的集成，要求不断开拓和利用各种各样的交流手段”[36]。

如何融合媒体，将信息联系起来，并将媒体作为设计整体其中一部分的思考，在一开始就应当渗透到设计思维的活动当中。由于我们生活在媒体化的环境中，我们通过媒体感知世界，媒体不应仅仅视为载荷信息的载体，它更提供了一种感知和体验的情境，这种情境包含着时间、空间、人、因缘。也就是说，设计并非只是设计“物”本身，而是一种通过研究“事”去理解“人”，再去创造“物”的过程[37]。对于品牌策划与推广领域，媒体融合的思维有着极为重要的意义。如图3-27所示，澳大利亚慈善机构 Benevolent Society 的品牌策划与设计融合了从印刷品、建筑墙面、文具、手册、路牌广告、建筑广告到互联网等媒体。

2. 转换性

跨平台叙事具有媒体的转换性。一种媒体的叙事，能够通过转换至另一种媒体叙事，以实现更大的叙事价值。麦克卢汉和“多伦多学派”曾经提出不同的媒体用不同的方式阐释了我们的体验。因而，如前所述，叙事媒体的转换也是因为人们对探寻不同的体验方式和叙事的最佳表现方式的需求。例如传统的小说被改编为影视作品，漫画改编为影视，纪实报道改编为电影，电影改编为游戏，游戏改编为电影。著名的冒险类游戏《古墓丽影》自1996年推出获得巨大成功之后，丝毫不影响2001年的同名电影在商业上获得的极大回报。游戏改编成电影的例子还有2010年《波斯王子》、1993年好莱坞的真人版《超级马里奥兄弟》、2002年的《生化危机》。电影改编为游戏的例子有《哈利波特》系列、《变形金刚》、《魔戒》等。但凡是大众喜爱的经典故事，人们从不吝惜重复讲述的次数，更喜爱看到故事以另一种形式表达。我国的

㊱ [美] Richard Saul Wurman：《信息饥渴——信息选取、表达与透析》，第96页。

㊲ 柳冠中在2006年出版的《事理学论纲》中，系统阐述了“事理学”的设计方法论，即“从‘事’而非‘物’的角度去理解、认识、剖析设计的本质”，指出“我们不该狭隘地仅仅把设计理解为造物活动，……设计其实是在叙事、抒情、讲理，是在创造新的生活方式”。参见柳冠中：《事理学论纲》，长沙，中南大学出版社，2006年版，第2页。

图 3-27 澳大利亚慈善机构 Benevolent Society 品牌策划与设计

四大名著均被一一搬上屏幕，并一再翻拍。《西游记》有着连环画、动画、戏剧、电影、电视剧各种版本和以《西游记》故事改编的网络游戏。再如以《三国演义》为主题的游戏，一样如三国演义般风起云涌，各种版本的游戏占据着不同的媒体载体，单机游戏如《三国志》，网络游戏如《三国群英传》、《卧龙吟》，桌面游戏如《三国杀》，手机游戏如《掌上三国》、《QQ三国》等。

叙事媒体的转换，首先要转换的是叙事结构与叙事语言。叙事结构由线性转换到非线性，叙事语言由文本叙事的文字描述，转换为影像叙事的画面、镜头、声音，或转换为数字化界面中的视觉元素、超文本和超链接。其次，每一种转换都是认知方式的转型。媒体的转换如何改变我们的认知和体验，又如何与环境相互作用，是否会改变人们的生活方式与思维观念，是否会产生新的社会价值取向，这些无疑将成为媒体设计的重要议题。

3. 选择性

媒体的形式与叙事有着紧密的关系，叙事内容受到媒体因素的制约，或因其得以强化。“媒介因素在故事建构、传播与演变的过程中具有积极价值，同时，也反证了故事对媒介因素存在一定的选择性。”[38]叙事对媒体的选择性体现在对故事情节的传承程度、人物的塑造程度、表现方法等方面。麻省理工的媒体研究教授 Henry Jenkins 在2003年就曾指出，协调运用跨平台叙事能使角色更加引人注目。Lee LeFever 就“呈现信息的正确媒体”[39]时指出，电台缺少烹饪节目，是因为电台媒体对此类信息不是最适合的。广播是听觉媒体，烹饪在能够看见时是最好的，甚至现场则更好。媒体这种不匹配突出了一个重要的设计理念：叙事对媒体的选择性。从内容出发选择媒体，需要考虑媒体形式是否是表现内容的最佳形式与传播方式。运用得当的媒体，能强化叙事效果。大多数成功的设计师能够认识到媒体对设计的影响。

另一方面，媒体对于叙事也具有一定的限制性，甚至可以说媒体直接参与了故事的建构。这是由于媒体特质造成的差异。同一主题的叙事内容在不同媒体上具有叙事关联性，但因媒体不同产生不同的表达。“这些不同表现以潜在的方式渗入故事之中，一定程度上规定了故事的呈现与传播。”[40]小说具有巨大的时空自由度，允许读者建构一个抽象的想象空间；表演媒体有着与现实时间的对照，拟真的表演将人、空间、事件等排列为近于现实的时间结构；影视媒体有直观的视觉优势和处理时间的相对自由，逼真、细腻、形象的场景与对白更能打动人心，但同时也限制了对丑恶事物或情节的表现；数字游戏的叙事延续了文本叙事和影像叙事传统，以娱乐、交互为特征，激发用户探索并完成任务，从而改变了故事的原初意义，但似乎也缺少了一种触动心灵的感动。

跨媒体叙事提供给故事讲述者、信息设计者一个思考的机遇和平台，在那里，他们将把信息联系起来，在“所有媒体之间保持连贯”[41]，让表达的思想得以传递。

3.3.3 案例：八十七神仙卷动画展示

2011年7月，笔者所在的媒体与设计工作室，受到西安某公司委托，为河南许昌市博物馆设计《八十七神仙卷》动画展示。在中国当下大规模的造城运动中，城市

[38] 孙正国：《媒介形态与故事建构》，第VI页。

[39] Lee LeFever, *The Art of Explanation: Making your Ideas, Products, and Services Easier to Understand*, (Hoboken, New Jersey: John Wiley & Sons, Inc., 2012), p. 157.

[40] 孙正国：《媒介形态与故事建构》，第VI页。

[41] ［美］Richard Saul Wurman：《信息饥渴——信息选取、表达与透析》，第113页。

名片是一张颇为重要的文化牌。博物馆、科技馆、市民中心等场馆均被列为是城市文明的标志。《八十七神仙卷》的作者吴道子是河南许昌人，许昌市政府萌发了把名作请进博物馆的念头，这便是本设计任务的由来。

这幅中国历代字画中最为经典的宗教画，中国美术史上著名的“曹衣出水，吴带当风”之唐代画圣吴道子的旷世巨作，是一幅尺幅为292厘米×30厘米的白描绢本水墨。而这幅作品将被重新创作为动画，投射在展厅内29米长、3米高的大厅墙面。将一幅绘画作品转换为动画不是太难，将一幅旷世名作重新创作为动画，有点压力，而将吴道子的“吴带当风”的神韵用动画再现，难度不输2010年上海世博会的《清明上河图》。在承接这一设计任务之前，已被委托公司告知国内两家美术学院和一家专业动画公司均因技术难度太大而放弃。笔者带领设计工作室的年轻设计师们“知难而上”，攻克了用动画实现“吴带当风”工笔白描线条效果的技术难题，在两个月时间内完成了这部作品的设计和制作。

第一步工作是抠图和修复。在高精度扫描印刷品之后，为保证人物在动画中出现的完整性，团队进行了名画“修复”工作。因为在原作中人物呈现前后遮挡的状态，而动画中的每个人物都是飘动的状态，自然地忽前忽后，因此必须给每个人物建立一个完整的人物图形。这部分的工作看似修复，实为创造性的工作，所有被遮挡的人物，我们都用手绘板绘图，并用 Photoshop 创造了完整的身体和服饰。

第二步工作是给87个人物都单独建立数字文档，单独分层。一个配饰和飘带复杂的仙女，分层就多达30多层，细到眼珠，手指、发簪、肩膀、飘带、袖子、衣裙、发饰、旌旗等，只要是能动的部分都单独分一层，工作量巨大。

第三步工作是制作动画。每个人物的每一层动画都是在 Flash 中单独完成，然后重要人物的飘带和袖子在 AE 中调整完善。

最后是合成动画，调整各个人物之间动态的节奏，将整体的神仙队列划分为几组，在每组中保持一个大的动势，各组与各组之间形成若干个动态线的起伏。这样，行进的队列产生了自然、缥缈、腾云驾雾般的效果。

最终完成的动画作品长达5分33秒[42]。神仙们随时间顺序依次缓缓出场，仙乐盈耳，莲花摇曳，祥云浮动，执剑神将前面开道，众神仙持伞盖、乐器等，簇拥着帝君浩荡行进。在尽可能保持原作线条的临风飘逸感、人物的风貌，场景的特点之外，在动画叙事上，突出了符合动画媒体特点的元素。例如强化前排人物的动势，与后排人物之间造成动静对比；忽远忽近地拉大各组神仙的距离，营造虚幻的仙气氛围；突出了音乐对动画节奏的总体控制，音乐分为四段，第一段空灵，第二段和弹奏乐器的神仙同步，出现乐器弹奏音，在手持乐器的神仙和帝君出现在画面中间时，掀起画音同步的高潮，第三段又是空灵的，如同第一段音乐，第四段是欢快的；有意增强个别人物的飘动速度，加强了队列中的穿梭感。

作品是创作团队19名设计师和笔者[43]集体智慧的结晶。许昌市政府和河南省邮政公司，在2011年9月26日，举办了博物馆《八十七神仙卷》动画作品的首次展示和《八十七神仙卷》特种邮票首发式多个活动（图3-28）。时至今日，观众对作品的好评说明了作品获得承认和认可。

[42] https://vimeo.com/65298666，或http://v.youku.com/v_show/id_XNjA0NDc0ODUy.html

[43] 艺术总监：黄海燕。动画设计：郑佳、邢辰珉、袁瑛瑛、殷芳烈、夏旭、郭楠、曹冰一、王希凝、陈雪、裴鹏飞。视觉设计：邱瀚玉、李亭亭、马光姝、龚雪、郝庄、刘玉娜、张凌峰、王子涵、翟佳佳。

图 3–28　许昌博物馆《八十七神仙卷》动画展示截屏

交互媒体——情感与体验

图 4-1　苹果 Apple iOS7（左图：天气界面，右图：设计层次）

交互设计（Interaction Design）由国际著名设计咨询服务公司IDEO 创始人莫格里奇（Bill Moggridge）和维普兰克（Bill Verplank）在19世纪80年代提出，起始为“软面（Soft Face）”，由于这个名字容易让人想起当时流行的玩具“椰菜娃娃（Cabbage Patch doll）”，后来就更名为“交互设计”，主要是指应用于包含软件的工业产品的设计，维普兰克认为交互设计是用户界面设计在工业设计领域应用时所产生的一个术语。在我国，关于交互设计的研究相对于界面在时间上要滞后，大约在2003年左右，为区分于传统的工业设计或产品设计专业方向，国内习惯于将对于软件界面的设计称为是“软界面”，而把传统的工业设计或产品设计称之为是“硬界面”。“硬界面”侧重的主要是传统的产品的物理实体的结构功能、材料工艺和色彩装饰等方面的设计；而“软界面”设计主要侧重的是信息建构、交互机制和界面视觉化等，其一般就是指界面的信息内容编排以及界面形式设计等（图4-1）。

交互媒体具有广泛的应用领域，其中与设计学科关系比较密切的是产品界面设计、交互展示、虚拟社区、社会交互、服务设计和新媒体艺术等。弗吉尼亚理工大学教授艾维卡·艾可·布克维克（Ivica Ico Bukvic）将触摸交互技术用来创作互动媒体艺术，用户主要是通过手势等经由计算机来创作和表演音乐，这种互动艺术结合了动画、视频、图像和电子音乐等形式，与传统音乐创作不同的是，用户用手部姿势和触摸便可控制音乐参数，如视频亮度、虚拟摄像机位置、声音高低和幅度以及乐器组合等。国内在交互媒体艺术和设计方面成果比较显著的高等院校是清华大学美术学院、中国美术学院跨媒体学院、中央美术学院、同济大学和浙江大学等，清华大学美术学院在这方面的研究主要集中在用户界面设计、信息设计、交互设计、游戏设计、信息可视化、体验设计和文化遗产数字化等领域①。由清华大学艺术与科学研究中心主办的每三年一次的国际艺术与科学作品展是国际交互媒体艺术与设计作品的荟萃，这都推动着交互媒体艺术和设计日益走出实验室，进入大众视野，以各式各样的主题内容呈现给社会。总体上，交互媒体就是探索以用户为中心的双方或多方之间的某种规则机制约束下的信息交流（或控制与反馈），依据交互层次的不同，包括网页式交互、交互建筑和实物交互等各种不同的形式。

① 鲁晓波：《回顾与展望：信息艺术设计专业发展》，《装饰》，2010年第1期，第30-33页。

4.1　交互设计内涵

在中国第一部系统地分析汉字字形和考究字源的《说文解字》（许慎，公元121年）中，交互的意义有两种解释：一是互相、彼此；二是象形，交错之意。现通常理解为“双向交流”之意。在中国古代的很多器物设计中蕴含着“互动”与“把玩”

或“体验”的意味，如茶壶等。交互具有社会学的属性，因为它强调人与人之间的相互作用，后来应用于计算机领域，如人机交互（Human-Computer Interaction, HCI）强调人与计算机之间的通信过程，“交互”在媒体中具有广泛的意义，如指设备硬件之间的信息的输入和输出，或面向用户的软件程序的控制与反馈，或直接从用户和产品之间的关系层次上描述双方之间的关系，以及以此为基础而形成的社会性特征。交互也关注个人或群体之间的相互关系，具有很强的社会学属性。在传播学领域，交互主要是指信息相关者通过大众媒体实现即时或滞后的信息交流或双向传播。除此之外，交互的内涵在认知心理学和戏剧文学领域中也具有丰富的意义，常常成为交互设计理论研究的借鉴[②]。

交互的内在实质是一种行为机制，其外在表现为界面。20世纪80年代以来，经过穿孔卡片和命令行界面等形式，图形用户界面占据了主流地位，但是，界面并非就是唯一的视觉性的图形用户界面，它可以是以其他感官信息为主导的界面形式。杰夫·拉斯基认为就用户而言，“界面就是用一个产品完成任务的方式——你所做的事情以及产品如何响应”[③]。界面包括产品外观和产品的交互行为。卡耐基梅隆大学设计学院教授博雅斯基（Dan Boyarski）认为交互设计更关注交互行为的方式和结构，它是基于时间的过程的设计，此处的行为方式和结构可以简单地理解为是由“用户如何做（Action）、用户感受如何（Emotion）和用户如何认知（Cognition）”三个相互关联的部分组成的整体。交互设计与界面设计的重要区别在于交互设计是序列性的和叙述性的，交互的本质是人与人之间的交互，而不只是关注人与物之间的交互，人对物的操作和物对人的反应只不过是途径而已。交互设计关注的是产品或服务的行为，产品或服务是如何实现的。虽然交互设计师很多时候是与智能产品打交道，诸如计算机、手机或智能环境，但是交互设计侧重的不是与计算机或机器交互，它们分别是人机交互或工业设计领域关注的问题，交互侧重的是人们如何通过这些产品相互联系，是人与人之间的关系，而不是局限于人如何使用产品。

② 孟伟：《从交互认知走向交互哲学——以加拉格尔关于现象学与涉身认知的探索为例》，《自然辩证法研究》，2011年第6期，第25-29页。

③ ［美］拉斯基：《人本界面——交互式系统设计》，史元春译，北京，机械工业出版社，2011年版，第2页。

4.1.1 四个交互视角

交互是个具有多种内涵的范畴，从其历史脉络上来看，它是人类社会的一个日常性的现象。广义上，任何两个实体之间的信息交流过程都是交互，这两个实体之间的差异性越大，双方之间的交互就会越发凸显出来，这两个实体可以是人、产品、系统或环境中的任何两者，交互设计更多关注的是以用户（人）为中心的产品系统的信息交流问题。交互是个普遍易为人们所忽视的问题。好的交互设计能够给使用者带来良好的用户体验，而糟糕的交互则会使使用者产生挫折感，造成沉重的心理负担。如汽车抛锚时，驾驶者时常很难得知其具体的原因；个人计算机经常问题百出，如软件升级或软件之间的非兼容性，绝大部分的普通用户对于此类的问题的反映基本上都是被动的，可能较多的做法就是按照计算机的提示按部就班地进行操作，如若过程中遇到选择，通常会花费很多的时间去思考，稍有不慎就会导致计算机软件或系统运行产生故障，普通个人计算机用户在这个过程中心惊胆战，有时甚至是大汗淋漓，糟糕的交互机制的设计往往容易导致类似的过程产生重重问题。各种数字化的多功能型产品使互动性凸显为设计领域一个关键的设计议题，而随着各种机器设备产品之间的网络化，如何保持不同产品之间的信息内容的同步性也时常会给用户带来不小的麻烦，除了个人信息的隐私性和安全性等问题随之而至，所面临的一个比较突出的问题就是如何实现这些关联产品的互通性，使用户能够在消费信息的过程中产生愉悦的情感体验。

如同设计学领域的其他学科，交互设计具有一个相对抽象的设计方法论，其针对不同的具体的问题的解决方式有所不同，作为一种应用艺术，要确定一个比较理性的科学的方法可能在设计艺术学领域很难被接受，交互媒体设计的这种倾向相对于其他设计方向要强一些。依据不同的产品或服务类别，例如ATM自动取款机、苹果的 iPhone 手机、任天堂的 Wii 游戏、微软的 Surface 和虚拟社区 Facebook 等，对于交互设计的理解可能也会有所不同。总体上，基于萨佛[4]对于交互相关的研究基础，可以从如下几个不同的视角予以分析：

第一，以技术为中心的视角：主要关注技术，尤其是数字技术的有用性、可用性和愉悦性，其应用领域侧重于软件和网络。设计师将由程序员和工程师提供的素材应用到创新性产品设计过程中，从而能够为用户创造愉悦的用户体验。以技术为中心的视角旨在优化人与技术之间的相互关系，能够在保证可用性（有效性、高效性、安全、实用、易学和易记）的基础上满足用户多样化的心理需求，如满意感、愉悦性、有趣性、启发性、娱乐性、创造性、审美性和情感满足等。

第二，基于活动理论的视角：交互设计关注的是物件、系统或环境的行为，传统观点认为这仅仅是强调产品的功能性，用户如何操纵产品以及产品如何反馈。而实际上，操纵行为的表现性特征在一个日益追求情感满足的消费诉求下也显得十分重要。活动理论将活动作为分析单元，由活动、行为和操作组成的等级层次结构为交互行为结构的分析提供了一个重要的参考。活动理论认为嵌入计算的产品只不过是一个支持人们活动的媒介，理解人们的活动是把握如何应用技术的重要依据。

第三，社会性交互的视角：就是将产品作为促进人们沟通的中介，任何一个物品或设备都可以在人与人之间建立关联，即充当媒介的属性。对于数字技术，其追求的设计目标就是用户不需要去理会技术，或技术问题不需要突现为用户需要关注的问题，除非在必要的时候，用户关注的只是通过该技术所能实现的功能或服务，从而能够与他人互通信息或建立某种联系，这尤其反映在基于虚拟社区的社交模式上，人们可以基于各种便携的智能终端随时随地在社区内进行各种类似或超越现实社会的活动。另外，社会性交互要考虑的一个重要因素是文化认知对于交互的限定或支持，此处的文化不仅仅包括传统风俗礼仪，而且也包括当下的日常生活形态。

第四，基于情境的视角，在设计领域，情境具有多种含义，它可以是指文化的传承发展，也可以是指构成交互式系统的元素之间的关系等，诸多大都具有一个共同的指向：动作和意义的关系，这体现了设计的真实性和现实性，对于用户需求多样化和特定化的及时性的满足，这是决定一个设计优劣的重要标准。基于情境的交互设计，随着计算日益融入日常生活越来越受到关注，其称谓如普适计算[5]（Ubiquitous Computing）、情境计算（Context-aware Computing）和无处不在的计算

④ Dan Saffer, *Designing for Interaction*, (Berkeley, CA: New Riders, 2006), pp.4-5.

⑤ 普适计算，由Weiser提出，可以通俗的理解为是计算融合入日常事务和活动，它是一个计算机科学、行为学和设计学相互交叉的研究领域，如智能环境（intelligent environments 或交互建筑）就是一个计算无缝嵌入的空间以增强人们的日常活动。参见Mark Weiser, "The computer for the 21st century," *Scientific American*, Vol.265, No.3 (1991), pp. 94-104.

(Pervasive Computing)等，它们尤其关注两个基本议题：一是物理实体的形式与动作之间的关系，二是计算如何能够感知动态情境并作出实时反馈，这两个议题与设计领域具有不同的关联程度。

交互作为人机交互的计算机领域的一个问题转移到设计艺术学领域受多个因素的制约，它是广义设计学在后工业时代背景下发展的一个方向或议题，或是展望设计发展趋势的一个有意义的视角。从传统的人机交互领域来看，与交互有着密切关联的就是用户界面的发展变迁，如命令行文本用户界面和现在占据主流地位的图形用户界面，以及新近发展的自然用户界面等，随着交互技术的发展，用户界面也在不断地变化。而对于设计学，不仅仅界面的视觉化表现很重要，而且基于界面而实现的交互方式也很重要。交互是个多学科的复杂议题，它与工业设计、信息设计、人因工学、认知心理学和人机交互等密切相关，很难予以准确的定义。它面向的是现实世界的人与人之间如何沟通和交流的问题，它基于信息技术，侧重的是支持人们日常工作与生活的交互式产品的创新性设计。换个角度讲，就是关于创造用户体验的问题，其目的是“增强或扩充人们工作、通信及交互的方式”[⑥]。日常生活中人们之间的交流是个非常复杂的社会现象，任何高效理想的交流模式都是基于人与人之间面对面之间的交流，在以各种媒体为中介的交流方式中，如普通信件、电报和座机、移动手机、计算机或应用程序等，它们具有不同的信息交流形式。如微博(MicroBlog)的一种基本模式就是一对多的信息交流机制，它是一种分享简短实时信息的广播式的社交网络平台；而一般的电话交流(不是电话会议)采取的则是一对一的交流模式。

随着计算网络化，产品与产品、人与产品以及人与人之间的信息交流能力日益增强，智能手机、数字助理和智能家居等促进了人们之间的交流和社会性互动。交流的动态性、交流媒介、交互范式和情感需求等因素已经成为技术的社会性应用需要考虑的重要因素，因此，交互通常具有社会性的属性，其跨越了社会学、心理学、人类学[⑦]和社会学等诸多领域。而且，可用性不是交互的唯一维度，在交互发生的整个过程中，目标用户群体的情感反应也应受到关注，交互设计的成功依赖于这个过程是否能够产生出积极的情感而不是消极的情感，当然，交互情感的发生会具有不同的层次。譬如，对于交互界面设计师而言，一个简单有效的途径就是注重界面的设计艺术表现力，通过动态图标设计、转场动画和声音效果有效地表现出某一操作动作的状态，创造出操纵和反馈的控制感。当然，传统的视觉传达设计元素，诸如字体、色彩和图形版面设计等同样影响互动的有效性和情感体验，研究表明，通常这些与产品可用性之间也存在一定的相互作用。

⑥ [美] Jennifer Preece等：《交互设计——超越人机交互》，刘晓晖等译，北京，电子工业出版社，2003年版，第4页。

⑦ 刘佳：《人类学与现代产品设计研究》，《艺术百家》，2005年第6期，第134-137页。

4.1.2 案例：交互建筑

建筑是一个综合体，正是因为它提供了一个人们日常活动的场所，它限定、定义或规范了社会性的不同群体或单位，因此，几乎所有的人造物没有不与其密切相关。建筑是富有生命的，它的表情(建筑表面系统中的显示层，而不是结构层)由于设计观念和界面技术的突破，而呈现出数码化、虚拟化和智慧化的趋势，经由媒体显示层的影像信息的动态变化，从而削弱了建筑原有的体量感，强化了建筑的“信息传播功能”[8]，当然，信息显示表层的呈现不仅仅是视觉的。建筑不是居住的机器，在数字技术日益嵌入建筑形态的背景下，这种看待建筑的工业时代的、侧重功能的机械范式应该转向一个有机的生物模式，有机模式打破了变化循环的机械世界的规则，而转向对于自然进化和适应的认可。因此，窗户能够根据光线照射情况而控制光照进入房屋的状况、玻璃能够改变诸如透明度和材料能够进行自我修复等，这些引导设计师应以一个新的视角去观察和理解建筑——“交互建筑”[9]。从互动的视角看待建筑，一方面关注人的认知和行为方式；另一方面关注建筑本身如何根据情境的变化而变化，不断变化的对象是如何动态的占用预先定义的建筑空间，以及移动的对象又是如何共享一个共同的建筑空间，并创造出与之相适应的空间配置，由此产生新的居住方式[10]。如20世纪60年代 Cedric Price 等人设计的试验性建筑“欢乐宫”（Fun Palace）（图4-2），其核心理念是探索自我进化式的建筑，依据建筑功能的实现实时获取相应的环境信息予以处理，然后“告知”建筑如何作出调整适应新的环境。在 Price 看来，建筑应有其居者参与建构，不仅仅是物质性的，包括认知性的和社会性的。而建筑应该支持、增强或解放居者，或者恰恰相反。这个试验的实现是将各种传感器和反应器置入建筑，实时接收信息和动态调整空间，其基本途径就是控制论和信息论在建筑设计应用性尝试。当然，这只是交互建筑的发端，因为先进的数字信息技术将会为其开辟新的蓝图，预制构件的空间组织变化实现的建筑形态的变化将逐渐演变为更为高级的复杂的类生物性行为和结构生成。传统的交互对于人与机器的关系着墨过多，而建筑和交互（方式或技术）的结合也时常是处在静态建筑的寻路（Wayfinding）或导航的层次上，而不是多元因素（如光照、声音、风或时间等）制约下的动态建筑形态的生成问题。

交互建筑注重的是过程，创造可满足不同实用功能及人文需求的“动态事物、空间和环境”[11]，交互建筑的这个动态性主要表现在空间尺度的变化、功能形式的变化和情境状态的变化（如通透性），甚至及其组合形成更为复杂的变化。由于创造性地嵌入计算于物理实体与环境，复杂的交互才可以成为可能，才得以形成机动灵活的“动态空间”、能够重塑人们认知方式的“媒介空间”和具备感知行为能力的“智能空间”[12]。

⑧ 余为群：《从谨言、瘖哑、饶舌到互动——信息时代建筑的表情和语境》，《艺术百家》，2009年第4期，第33-38页。

⑨ 交互建筑，是交互设计和建筑设计的结合，始于20世纪60年代左右的某些探索性或实验性的建筑（例如追求如何实现建筑的高效节能），如智能环境和智能空间等，初步的理解是能感知和反馈信息的且用户可参与的环境和空间。90年代左右，随着交互观念在建筑设计领域的渗透，交互建筑思想初步形成，早期设计倾向于在建筑表面采用数字媒体技术通过影像等变化改变建筑的形式，后来，基于较为先进的信息技术，尤其关注建筑能够依据情境因素的变化而重新配置自身，以及对变化作出响应、反应和适应，它强调建筑与人之间的会话交流过程。蒋益清：《互动建筑理论与实践研究》，天津大学硕士论文，2012年，第15-32页。

⑩ ［美］迈克尔·A·福克斯：《互动建筑将改变一切》，陈曦译，《装饰》，2010年第3期，第44-51页。

⑪ Michael Fox and Miles Kemp, Interactive Architecture, (New York, NY: Princeton Architectural Press, 2009), pp. 122-131.

⑫ 陈麒：《互动式空间—资讯空间与建筑空间的整合研究初探》，台湾成功大学建筑研究所硕士论文，2002年7月，第29页。

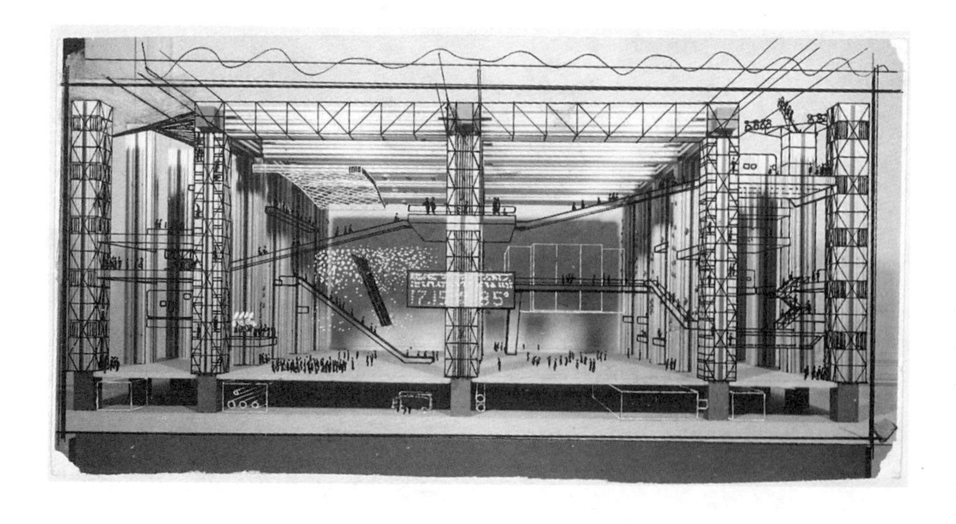

图 4-2 “欢乐宫”剖面图

随着数字化进程，人们会思索未来的城市会是或应该是什么面貌？传统的城市因为街道而贯通，凭借交通工具而联系在一起，依赖广播电视而得知其他，总体上是区域有限，空间有限和信息有限。但是在信息社会背景下，不只是传统的公共基础设施对于城市具有决定作用，信息技术必将对整个城市的生态系统起到奠基的作用，深刻影响人们的生活、学习和工作。过去在传统的物理实体空间的时空限制下的不可见或不存在的知识或经验，必然能够影响个人对他人或环境的认知及行为的改变[13]。如在英国伦敦，地铁站通过免费无线网络，人们可以通过手机获取各种基于地理位置的信息；博物馆、歌剧院和图书馆等大都会有相应的 App 或网络支持人们体验各种服务；市政府区级机构和公共事业组织皆实现政务电子化。所有的文化、艺术、科学等资源，皆可经由互联网轻松获得丰富的信息，实现了物物相互连接、人人公平介入和信息适时交流的城市景象。

⑬ 邱浩修：《交互式建筑的实虚共构设计策略》，《世界建筑》，2011年第2期，第134-137页。

对于未来的城市空间形态的畅想，一个典型的案例是麻省理工学院（MIT SENSEable City Lab，2009）参与2012年伦敦奥林匹克运动会公园设计竞赛时提交的名为“信息云”（the CLOUD）的方案（图4-3）。其构思展示的主要是一个整合数字媒体的观景平台，就如同正因为雾伦敦城才显得如此美丽一样，伦敦也将因为“信息云”而与众不同，将伦敦城的人们甚至全世界的人们联系在一起，使人们沉浸在数字信息海洋之中。该项目致力于建设一个2012年伦敦奥运会的标志性建筑，高达百米的支撑结构是由簇状柱子构成的，“云”的实体是由膜状结构物构成的。“信息云”的主要的动力来源是通过涂在云气泡表面的太阳能电池收集的太阳能，它同时可以将观者沿旋梯攀登观景过程中的运动（重力势能）汇集转变为电能能量供给建筑系统使用，云层中的水也可以用来产生供给系统的能量，从而实现了“信息云”的零排放。风会自然地穿过居住空间（可居于云泡的上面、内部和中间），居者产生的热能和来自太阳的热能共同影响“信息云”内部的温度状态，

“信息云”是一个显示系统，从各个不同的角度包括其内部都可以观看，它是屏幕、晴雨表、文档和传感器，设计计划建造在奥运会主场馆旁边，“信息云”以其不同的动态皮肤模式显示实时的或过去的奥林匹克公园和整个伦敦的相关信息（如各

图 4-3 The CLOUD

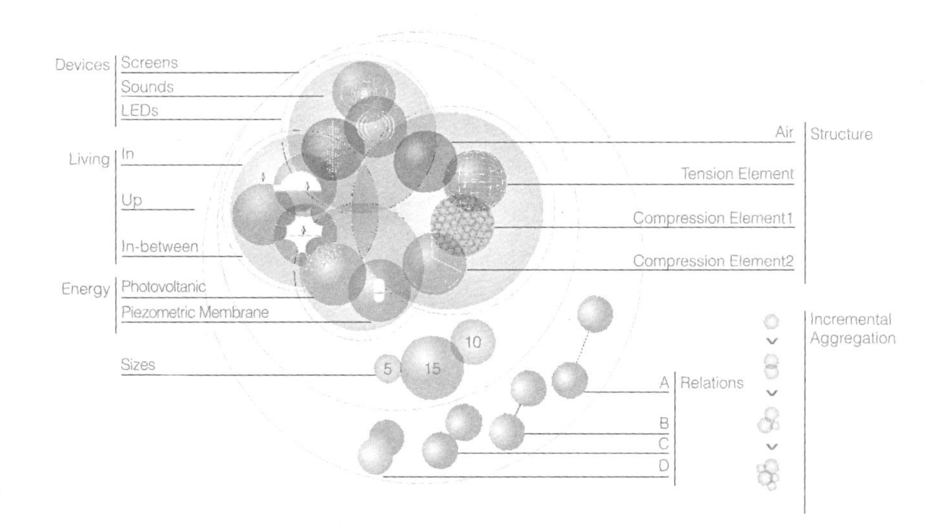

图 4–4 信息云整体结构系统（Overall structural system）

国获得的奖牌数目）、交通状况、天气预报和导引信息等，依赖各种传感器，它的运动可以与地面上的人的运动或其内部的相对应，从而形成一种信息生态（图4–4）。“信息云”是一种新的交互方式，观者进入云泡的内部，其游览活动直接转换为了电能，因此，个体的人成了信息媒介中的一个比特，“信息云”采用的是可组合的建筑单体，未来展望就是“信息云”可以像真实的云朵一样飘浮于伦敦上空，成为城市的“信息表皮”。

4.2 交互行为

当用户与复杂系统之间进行交互时，其行为结构具有三种模式：①基于行为技能的模式，主要是指对系统内部数据的自动反应，包括各部分控件的实时控制，这种模式比较理想的方式是直接操纵，例如调节开关；②基于行为规则的模式，是指对系统状态数据的程序式反应，例如在一个学习或写作的程序中，严格遵守操作规则，从而在操作对象和操作结果之间形成一一对应的映射；③基于行为知识的模式，指根据系统目标而对状态信息作出反应，包括复杂的认知活动，如错误的判断和获取关于系统的抽象推理，设计应关注的问题是将抽象问题以简单易行的视觉形式表达出来，无论是面向互动的和面向信息传递的[14]，用户与系统的交互行为会改变某些参数而使信息呈现发生变化，这种变化需要一种或多种多功能的视觉元素来实现，因此，交互性视觉元素通常具有功能性和交互性等情境性特征。

4.2.1 交互行为过程

对于传统的产品设计而言，产品造型是材料和结构的外在表现，包括外部形态、材质效果和色彩装饰等，它们能直接为人所感知。结构是指各种材料的相互联结和作用方式，具有层级性、序列性和相对稳定性等特点，结构是功能的载体。人们通常首先通过造型感知产品，进而产生认知的、行为的和情感的反应。产品造型同时具有信

⑭ 鲁晓波：《信息设计中的交互设计方法》，《科技导报》，2007年第13期，第18页。

息传递的作用，由此形成一种符号或产品语义。造型取决于内容，产品的内容主要是指材料、结构和功能等基于各种物理性条件形成的限制性因素⑮。但是，对于数字比特构成的信息很多方面则不受物理世界的种种限制，它具有一种新的时空特征，交互媒体设计领域的结构更多是侧重信息结构和交互行为的结构，而其对应的功能也不是改变物理世界的物质状态和能量转移，而是信息的生成和转化。交互的本质就是行为结构，这种行为结构通常是隐性的，相对于产品外观，无论是物质性的还是数字界面的视觉效果（如材质或材质感），行为难以清晰地描述。

⑮ 凌继尧、徐恒醇：《艺术设计学》，上海，上海人民出版社，2000年版，第235-238页。

设计从始就是交互的，而并非只是计算机的专门领域，如传统书籍的设计就含有对阅读者如何与书籍交互的考虑。布坎南教授（Richard Buchanan）认为，交互是一种构建人和人造物之间关系的方式。所有的人造物都提供了交互的可能性，所有的设计活动都可以认为是交互的设计，这不仅仅适应于实物，而且适应于空间、信息和系统，这拓宽了看待交互的视野。交互泛指人与自然界一切事物的信息交流过程，表示两者之间的互相作用和影响⑯。从人类学会使用工具以来，交互行为就伴随着人类的整个发展史。“体验”是交互设计的目标和终点，交互过程的实现可以超越传统的基于人的四肢动作而操纵产品的方式，人的意识和心理活动等也可以作为操作行为的重要构成因素。浙江大学毛岱泽基于脑机交互技术设计了一款专门训练儿童注意力的数字产品（图4-5）。该设计通过脑电耳机检测儿童的脑电频率，依靠无线蓝牙技术将检测到的脑电频率传输到 Arduino 上，Arduino 会将儿童脑电信号中注意力集中的信号转化为物理机械开关控制器——鱼缸底部的磁力开关。儿童将注意力集中到要钓的鱼上，鱼竿尾部的开关开启，电磁铁就会通过磁力成功地钓起鱼缸里的鱼；如果注意力松懈，电磁铁也就失去磁力，无法完成钓鱼的活动。该交互设计以寓教于乐的方式训练儿童通过自身注意力来控制玩具，使孩子的集中注意力在玩玩具的过程中得到提升，辅助解决儿童注意力无法集中的问题，同时提高儿童学习的效率，增强其自信心。同时，该设计也鼓励儿童多尝试，不轻易放弃，引导他们积极参与交流，培养他们的合作能力和分享意识。

⑯ 李世国：《体验与挑战——产品交互设计》，南京，江苏美术出版社，2008年版，第11页。

在2013年浙江大学一项设计课题中，惠清曦结合公益宣传题材，运用微软体感技术（Kinect）设计了一个城市公共产品系统（图4-6）。该设计融合数字化城市公

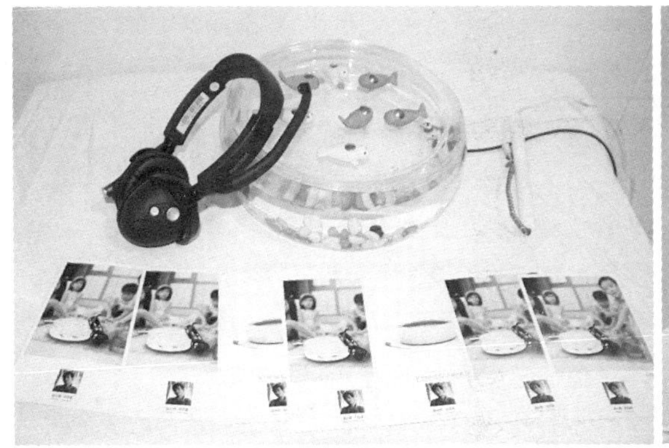
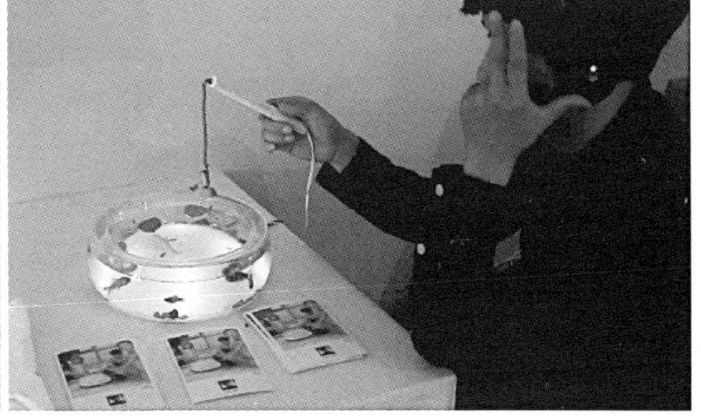

图4-5 儿童注意力辅助训练产品

图 4–6 城市公共艺术设计

共艺术与传统公益宣传，针对生活中的城市公益话题进行探索与创新，设计互动数字化城市公共艺术产品。通过体感监控探头和红外探测器，采集人体骨骼关键点等信息，利用计算机进行信息处理后用投影展现给观众实时的人体合成动画，以沉浸式体验的方式，基于城市中日常生活中元素讲述公益故事。作品与人之间存在高度的互动性，引发用户共鸣和情感联想，鼓励用户通过实践行动来改变城市环境，培养城市居民的公益精神。该设计的叙事脉络是“现实中的环境污染”、“精神上的禁锢与污染”和“拥抱自然，用绿色行动作出选择”三个主题的展开，其基本过程为：

第一个场景：受众转变为投影屏幕上的一个身体的影像，与投影中的其他形象融为一体，画面中的工厂烟囱和卡车正不断排放出大小不均的微粒污染物，受众不久会惊讶地发现自己健壮的身影慢慢被这些污染微粒所包覆，受众试图挣扎，但最终身体影像透明化，消逝在尘埃中。这展现了中国因工业化污染而愈加严重的大气污染——雾霾对身体健康造成毁灭性的影响，以互动叙事的方式唤起人们保护环境的意识。

第二个场景：影像画面中代表受众是一个细瘦人影，场景被象征禁锢的铁丝网分割，网外是各种身着西服、嘴巴吼叫的动物，各种粒状污染物从其口中喷涌而出，穿过铁丝网粘附在人影上，慢慢地人影变得透明化，最后消失了。这主要表现网络围观行为，网络语言暴力对人的精神层面所造成的影响，以此方式警示人们关注网络群体极化现象，滥用自由而产生的网络暴力。

第三个场景：叙事背景是自然美好的一天，投射出的影像是一个长着尾巴的猿人，猿人“模仿”受众挥舞手臂，设计以此试图唤醒现代城市生活中的人们拥抱大自然的渴望，启发人们只要积极向上，并在日常生活中力所能及的范围内用尽可能绿色的方式衣食住行，那么同样可以找到那份发自内心的愉悦。

认知心理学家唐纳德 · A · 诺曼（Donald A. Norman）描述了一个“交互鸿沟模型”，执行鸿沟和评估鸿沟将整个系统分为一个用户和一个物理系统，用户根据意图通过物理系统的输入设备进行动作，物理系统呈现相应的信息，用户根据目标意图解释和评估感知的信息[17]。诺曼依据“交互鸿沟模型”建构了一个动作的阶段模型，认为不仅仅是用户的目标能够激发循环，而且来自于外部环境的因素也可能成为循环发生的原因。在日常生活中，用户与互动媒体的交互过程通常包括六个基本阶段：①用户首先形成操作意图；②用户根据交互界面计划如何行动；③用户依据意图和计

⑰［美］唐纳德 · A · 诺曼:《设计心理学》，梅琼译，北京，中信出版社，2003年版，第46页。

划实施操作过程；④用户感知操作后系统反馈的信息；⑤用户认知反馈信息，确定其与目标意图的差异；⑥用户反思反馈信息和行动目的，形成新的操作意图。这个过程是个不断迭代的过程，直至完成一个交互过程。譬如给好友发祝福手机短信，可以通过主菜单进入短信页面先编写短信再选择发送对象，也可以先在电话簿里找到好友的名字在其后面的选项选择发送短信再编写并发送，这就看你的意图和计划是如何实施的。不同的意图导致不同的计划，再导致后面不同的操作行为和信息反馈。编写短信的过程中或许会碰到打错字或者是误按了键，或者在输入文本的过程中刚好有朋友拨电话进来，这些特殊的状态下会产生不同的动作和认知，产生不同的新意图，所以要完成一个任务往往就需要有多个交互过程的循环。

从人们与产品的互动过程中来看，互动的品质就是产品在用户手中被感知的方式、用户对如何使用产品的理解程度、用户在使用产品时对产品的感受如何、产品提供自身功能的优劣程度和产品在用户使用的整个过程中适应用户需求的程度[18]。交互设计具有不同的互动品质，这些互动品质是衡量设计优劣的一个重要参考。传统人机交互从开始侧重的是功能效率，使用性和功能是其设计的主要目的。但是，随着消费诉求的变化和产品类别多样化，功能上的满足并非是人们唯一的或是最重要的需求，或者不能再作为显性需求而统领所有设计特征，情感上的满足成为消费者一个重要的需求。因为有些需求不是为了在限定的时间内完成某一特定工作，例如游戏和音乐等娱乐性消费等。交互设计与其他设计所使用的素材有所不同，交互设计所操作的素材同时具有时间和空间特征，空间特性侧重是外观，而时间特征主要是指随着时间用户与产品之间的互动过程。在诸多的交互品质中，流畅性具有重要的意义，所谓的流畅性指的就是用户的注意力在多个焦点中移动的优美程度[19]，如英国皇家艺术学院早期的一个学生毕业设计作品“弹珠留言系统”（图4-7），其使用过程非常直接和直观，即将机器与用户的功能作出了清晰的划分，同时也将两者很好地结合在一起。若有人留言则系统上会掉出弹珠，若将弹珠投入另外的孔中则会回放此留言，这种将虚拟与实体世界结合的流畅性的互动体验强化了通信的社会性。

⑱ Lauralee Alben, “Quality of experience: defining the criteria for effective interaction design”, Interactions, Vol.3, No.3 (1996), pp.11–15.

⑲ Jonas Löwgren, “Fluency as an experiential quality in augmented spaces,” *International Journal of Design*, Vol.1, No.3 (2007), pp.1–10.

图 4–7　弹珠留言系统

4.2.2　交互界面隐喻

由于长期生存于物理世界之中，人们对于物理世界中的许多事物的特征、操作和功能都会有一种直觉性的认知，一种不言自明的感觉。人们对物理世界的经验和知识为软件界面的设计提供了诸多思考，有助于用户更好地理解程序的运作方式，就如同人们看见一个平整的表面就能无意识地得知是否可以坐上去，看到一个突出的物体就知道是否可以用手去把握等。在设计中善用人们日常生活中的日常知识和技能，尤其是在交互界面设计过程中，就是隐喻，它是利用人们在物理世界中所形成的经验的一种比较有效的方法。交互界面隐喻是让软件系统的外显界面与真实世界的实体存在某些方面的相似性，同时又具有自己的行为和属性，以引导用户的认知和操作行为。利用人们对物理世界中事物的认识，帮助人们理解软件系统的运作方式。这种方法被广泛使用，例如影音播放器的音量控制条，以拖动条的位置高低来对应音量的大小，人们很容易理解和学习，很快就会操作。总体上，界面隐喻可以分为三种主要形式：结构隐喻、方位隐喻和实体隐喻，在实际设计过程中，这三种隐喻并非没有关联，它们时常重叠使用[20]。

1. 方位隐喻

方位隐喻主要应用于对方向和位置的描述。例如在音量控制面板交互界面设计中，通过游标的“向上移动”或“向下移动”来控制音量的增大或减小。而在一些Post-WIMP 界面范式中，通常会采取通过直接控制物理物品（如移动或旋转等）或动作本身来实现对虚拟界面对象的直接控制。如在智能手机上广泛应用的多点触摸交互。

2. 实体隐喻

实体隐喻描述的是诸如用户凭借其在现实世界写信和寄信的经验：纸笔写信、通过邮政系统寄信、确认收信等设计电子邮箱系统，以操控其他的物理世界或数字世界的对象。在电子邮箱系统交互设计中，通过运用实体隐喻（如地址簿等），将用户对于以任务为导向的期望合理地反映到界面设计的窗体布局、菜单和工具栏等中。

3. 结构隐喻

主要是指有效利用人类认知能力，通过熟悉的组织结构来实现对于新的结构的认知。结构隐喻分为过程隐喻和构成隐喻，过程隐喻主要是以任务为导向的，用于对整体结构流程的解释；构成隐喻主要是指用户通过隐喻感知文本、图形和声音等形式。

数字技术的应用使产品或服务变得更加复杂，人们经常面对复杂的多功能产品时不知所措，产生“认知摩擦”，即“当人类智力遭遇随问题变化而变化的复杂系统规则时遇到的阻力”[21]（库帕，2005）。认知摩擦产生的主要原因，是由于设计者在设计过程中所采用的“目标模型”更接近于“原理模型”而非用户的“心理模型”而造成的。原理模型侧重的是如何实现产品的功能，目标模型主要是指将产品功能展现给用户的方式，用户的心理模型是指用户对于产品功能实现过程的直接和简洁的认知方式。复杂的交互会使用户产生挫败感以至放弃使用这个产品，而隐喻无疑为这一问题的解决提供了一个有意义的途径。

尤其是在面向儿童的交互界面设计中，隐喻可以帮助儿童将熟悉的知识和新概念结合起来，促进儿童的学习和理解。对于儿童这样的用户群体，除了隐喻，在界面交互行为设计方面也需要考虑另外一个方式，即适当地应用一些“约束”[22]，使界面的操作过程符合儿童的认知和行动特点，以避免误操作，增强儿童的使用情趣。通常这

⑳ 刘月林，李虹：《基于概念隐喻理论的交互界面设计》，《包装工程》，2012年第22期，第17–19页。

㉑ ［美］库帕（Alan Coper）：《交互设计之路：让高科技产品回归人性》，丁全钢等译，北京，电子工业出版社，2006年版，第18页。

㉒ 姚屏，杨永：《约束法则下易用性设计的实现》，《包装工程》，2004年第6期，第124–125页。

些约束包括："物理结构、语义、文化和逻辑约束"[23]。物理结构约束是指将可能的操作方法限定在一定的范围内，依靠物品外部特性决定其操作方法，用户不需要经过专门的培训。语义约束依靠人们对于外部世界的知识，利用某种情况的含义来提供操作线索和限制可能的操作方法，任何一种产品或其特征（形状、颜色或位置等）都有其意义，整合起来就可以引导操作和使用。逻辑约束主要是指自然匹配，包括方位匹配等类型，如向左的箭头放在界面的左边表示"返回"，右上角的向右的箭头表示"进入"。如果应用恰当、完全的逻辑约束关系，就能尽量减少使用标注的必要性，给用户带来操作的便利。文化约束是指利用一些已经被大众习惯化的方式限定物品的操作方法，例如苹果公司推出的 iPad，其主要的操作方式就是以一个中心发射的网状的交互方式，除了可用性方面的考虑，公司文化也在某种程度上限定了这种组织形式（图4-8）。

㉓［美］唐纳德・A・诺曼：《设计心理学》，第84-86页。

图 4-8　苹果 iPad Mini App 应用

界面是交互设计的视觉表现形式，对于图形用户界面而言，其界面形式设计也需遵循一般的视觉传达设计的基本要求，形式设计应注重风格的统一性和整体性，根据瑞士 Niggli 在《工业产品造型设计》一书中对于形式等相关问题的探讨，界面视觉设计具体内容可参考如下：①界面要素比例尺度方面，构成界面的要素符合受众视觉心理；②界面主从方面，界面整体上要分清主从，处理好整体与局部的关系，表现统一整体的美感；③在对称均衡方面，合理处置形状、色彩、位置和虚实，增强界面的表现力；④在对比协调方面，既要关注通过界面元素之间的差异增强量感、虚实感和方向感的表现力，又要在色彩、方向和速度等方面寻求相互协调；⑤在节奏韵律方面，节奏和韵律不仅是实现界面形式美感的重要原则，而且还是界面风格统一的内在依据；⑥在虚实留白方面，重要的界面元素通过虚实对比突出和给人以深刻印象，增强视觉效果和信息传播效果。

4.3　用户体验

产品或服务设计应需引发用户的心灵共鸣，而不仅仅是以说教的面孔呈现在人们面前。在以用户体验为重要指标的感官的体验经济时代，人们的行为将主要由感官来主宰，而不再是那个抽象的逻辑人。消费都着重一种情绪、精神上的体验 。

1970年，著名未来学家阿尔文·托夫勒（Alivin Toffler）在《未来的冲击》一书中提出，“继服务业后，体验业将成为经济的支柱”。1998年，派恩和吉尔摩在《哈佛商业评论》上撰文《欢迎进入体验经济》，宣称人类社会进入体验经济时代，“体验成了继商品和服务之后的新的经济供给物”[24]。与过去不同的是，商品、服务对消费者来说是外在的，但是体验是内在的，存在于个人心中，是个人在形体、情绪、知识上参与的所得。没有两个人的体验是完全一样的，因为体验是来自个人的心境与事件的互动。体验设计是体验经济时代设计发展的必然要求，新的科学技术在日常生活中的应用和人们日益提升的生活需求，促进了用户体验在产品设计、视觉传达设计、建筑设计、信息设计和交互设计等领域的研究和应用，体验成为一个多学科交叉的新的设计方向。体验是人与物品、环境和社会交互的产物，因此体验受互动双方的属性影响。交互方式和体验类别并不一定存在固定的对应关系，即相同的互动形式（如多点触摸）并不一定会产生相同的体验，不同的交互形式有可能会产生相同的体验。因此，影响体验产生的相关因素非常复杂，其受人本身的生理、认知、情绪和价值取向等多个因素影响，又与互动对象的属性（如物品形状、色彩和肌理等）密切相关，这些因素在一个特定的情境中还受历史文化因素影响。从用户与产品交互的框架内部分析影响体验的因素，主要包括产品属性、用户特征、产品使用情境和社会与文化因素。

㉔ Pine, II, B. Joseph. Gilmore, James H, “Welcome to the experience economy”, *Harvard Business Review*, Vol. 76, No.4 (Jul/Aug1998), pp.97-105.

4.3.1 体验范畴的界定

只要某些东西不仅仅是被经历了，而且其所经历的获得了一个使自身具有永久意义的生成，那么这些东西就成了体验。体验一词的构建是以两个方面的意义为根据：“一是直接性，这种直接性先于所有解释、处理或传达而存在，并且只是为解释提供线索、为创作提供素材；另一方面是由直接性中获得的收获，即直接性留存下来的结果”[25]。用户体验涉及很多模糊和动态的概念，如情绪、情感、体验、意义、享乐和审美等。用户体验的本质是动态的、情境依赖性的和主观个人性的，其范畴主要包括产品、服务、系统和非商业性物品的体验。ISO关于用户体验的定义描述（ISO DIS 9241-210:2008）：产生于使用或预想使用产品、系统或服务的个人的知觉和反应。该定义侧重使用的即时的个人感知和反应，预期用途是指非实际的使用，仅仅是指想象，侧重表达用户期望。

㉕ ［德］加达默尔：《真理与方法》，洪汉鼎译，上海译文出版社，1991年版，第78页。

在汉语里，“体验”一词的词根是“体”。《说文解字》解：“体（同軆）,总十二属之名也。十二属者：顶、面、颐，首属三；肩、脊、臀，身属三；肱、臂、手，手属三；股、胫、足，足属三也。”由此可见“体”的本义当是生命的载体——人的身体。“验”在此取“验证、证实”之意。“体验”亦有“以心验之，以身体之”（朱子语类.卷十五·大学二）的说法，以强调身心在致知过程中的工具性作用。中国的体验思想除了表现在道德修养层次的以身作则外，在文学艺术领域主张的是由经由生命直达心灵的感性的直觉体验。“体验”概念在西方哲学、心理学、艺术学、计算机科学、经济学等领域的也有丰富的阐释性描述[26]（表4-1）。

㉖ 张烈：《以虚拟体验为导向的信息设计方法研究》，清华大学博士论文，2008年4月，第19-29页。

体验概念描述 表4-1

代表者	体验描述
狄尔泰 Wilhelm Dilthey	体验是一种生命现象：本体性、意义统一性
柏格森 Henri Bergson	直觉是一种体验方式，具有直接性、纯粹性、暂时性和永恒性特征
海德格尔 Martin Heidegger	体验是对象此在的一种存在方式
伽达默尔 Hans-Georg Gadamer	体验本身与生命是互为存在的，体验即在体验过程中具有了意义特征的东西
杜威John Dewey	艺术即体验，审美体验的动物共性：直接性和整体性
皮亚杰Piaget	身体与环境的交互体验促进了个体的心智建构
瓦西留客 Ф.Е.Василюк	体验是确定主客体关系以及处理主体现实生活问题的独立的活动过程
马斯洛 Abraham H. Maslow	体验的层次性；瞬间强烈的同一性（高峰体验）
奇克森特米海伊 Sikszentmihalyi	个体感知技能高于感知挑战产生时产生的高度沉浸式的心流体验
卡尔森 Richard Carlson	体验是在有意识状态下的连续流动（constant stream）
杉克 Roger Schank	体验即讲故事，交流性，记忆性，共享性
贝恩特·施密特 Bernd H.Schmitt	消费者体验是由感官体验、思考体验、情感体验、行为体验和关联体验构成的体系。关联体验与文化价值、社会角色及群体归属有关，通过创造消费者文化或社群，为消费者建立一个独特的社会识别。

4.3.2 体验的层次分析

交互即为体验，交互设计的目标就在于为用户提供一个统一而完整的总体体验，体验是一个复杂的等级层次系统，一个优秀的用户体验的塑造得益于诸多具有自相似性的用户体验共同构成的，从而形成一个比较全面的“总体用户体验”[27]，这个总体体验体现在从购买和使用至维护和回收的整个产品或服务生命周期过程中，这是一个广义的交互体验形成的品牌体验框架，本文侧重的是在用户与产品实际的互动过程中所形成的体验，可以简单地归结为使用过程中的交互体验，体验具有层级性，通常，借鉴文学和心理学领域的研究成果，体验的层级性包括：

1. 体验的三境层次模型

唐朝诗人王昌龄在《诗格》中提出“三境说”，认为“诗有三境：一曰物境，二曰情境，三曰意境。物境一。欲为山水诗，则张泉石云峰之境极丽绝秀者，神之于心。处身于境，视境于心，莹然掌中，然后用思，了然境象，故得形似。情境二。娱乐愁怨，皆张于意而处于身，然后驰思，深得其情。意境三。亦张之于意而思之于心，则得其真矣”。“三境说”描述的是诗境的三种不同的审美形式：“物境”指客观的描绘自然景物所形成的境界；“情境”是抒发生活感受和人生历程所形成的境界；“意境”是指由联想和想象，甚至幻想中的事物所构成的境界。三境的诉求分别是“形似”、“情”和“真”，依次对应着客观事物和心灵情感，以及客观事物本质和诗人真情实感的融合。“三境说”着重强调的是诗境创造中的审美想象的作用[28]。通过上述

[27] 刘月林：《关于设计的三个取向：以苹果设计为案例》，《设计艺术》，2010年第5期，第17-18页。

[28] 吴红英：《王昌龄的诗歌意境理论初探》，《重庆师院学报》（哲学社会科学版），1993年第1期，第83-87页。

分析，首先三境说是基于诗创作者视角的；其次诗的表现形式是基于文本；最后在层次关系分析上，“物境”和“情境”之间更偏向于手段或方法关系。所以，基于设计师角度，某种程度上可将“物境”等同于由产品的感官属性产生的情感体验，“情境”等同于由使用者、产品和环境组成的系统而产生的情感体验，以及将“意境”等同于由产品的符号性和象征性意义产生的情感体验。以物境、情境和意境构建情感体验的三个阶段，可突出产品情感体验特征的层次性，为设计实践提供参考，

2. 体验的三层级模型

诺曼[29]认为人脑具有三种不同层级的加工水平，依次为“本能层、行为层和反思层”。与此相对应，设计也要考虑这三个维度，本能层的设计关注外形所给予的直接的和潜意识的反应，行为层的设计与用户使用产品的效率和体验有关，反思层的设计考虑产品在心理层面上所关联的归属感和成就感等。在任何一个具体的设计实践中，这三个层次都不是独立的，而是相互交织在一起的，只不过是因不同的产品或服务类别的不同其偏重而有所不同。我们可以依据诺曼提出的情感化设计理论框架，将体验（产品体验、虚拟体验，或情感体验）划分为感官层/本能层、行为层和反思层三个层次，但有如下问题需要注意：①理解信息加工理论，重要的是要理解三个层次是如何与认知和情绪相关的，任何一个设计不可能只停留在一个层次上。②本能层的设计不仅与产品的物理性特性（如形状、色彩和材质）相关，还与互动状态相关。行为层的设计不仅强调产品的效用，还应关注使用者本身的主观感受，用户动作和情绪是互为因果的。③反思水平的设计不只是注重物品的文本性意义，更重要的是要关注一种持久稳定的情感状态。因此，体验不只是侧重单一层次的设计，而是要关注基于情感的总体用户体验的设计。

此处，我们将传统的追求实用功能的功利性交互延伸至非功利性交互，人们通过按键开关控制电灯照明状况，是为了实现产品的直接的主要功能，这是设计的工具性表现，我们称之为功利性交互，非功利性交互是指在用户与产品互动过程中那些与实用功能不存在直接关系的交互，如把握触摸苹果手机时所产生的对于产品物理实体的光滑感、实体感和精致感等。另外，很多时候人们操纵的对象不是物质对象，而是虚拟世界的数字比特，我们将用户与数字信息的交互称为非物理性交互，以与物理世界的交互区分开来，例如，用户通过图形用户界面中的滑块来控制音乐播放器的音量的大小。如何进行类似的交互设计以及塑造何种用户体验是交互设计或体验设计领域的一个重要的议题。另外，体验不仅可以以层级的视角进行分析，而且不同的层级之间可以相互转化，体验依据其时间维度的动态性可以分为四个相互关联的类别：“潜意识的、认知性的、叙述性的和故事性的，它们之间可以互相转化”[30]。

通常，交互体验的主要关注点是构成交互式系统的用户或产品，由此形成了以产品为中心的体验模型和以用户为中心的体验模型，前者以某些特定的准则为基准进行产品概念开发、设计及评价，后者主要探索人们是如何与产品相关联的，如何理解用户。实际上，体验的生成是用户和产品或系统在某一特定情境下的相互作用，因此，有必要从交互的视角建构一个总体体验模型，这个模型应该满足以下几个条件：一是能够反映出交互的实质，二是能够表现出设计层面的关注点（如造型要素），三是能

㉙［美］唐纳德·A·诺曼：《情感化设计》，付秋芳，程进三译，北京，电子工业出版社，2005年版，第5页。

㉚ Jodi Forlizzi and Shannon Ford, “The Building Blocks of Experience: An Early Framework for Interaction Designers,” In Proceedings of the DIS 2000 seminar. *Communications of the ACM*, 2000, pp.419-423.

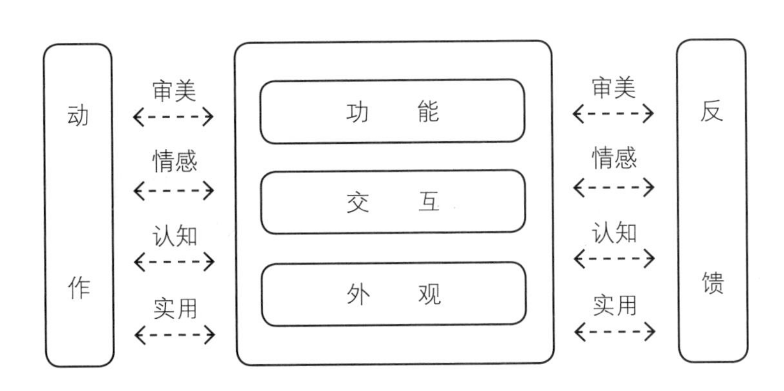

图 4-9 交互体验模型

够反映出互动体验的基本构成，四是能够清晰地表明各构成要素之间的相互关系。这个模型的核心就是阐释清楚体验意义的生成、组成和表现[31]。这个体验模型包括三个基本组成部分：用户动作和系统反馈（交互）为意义生成提供了基础；通过产品或系统的外观、交互、功能特征实现用户和产品或系统之间的意义交流；一个总体体验是由审美、情感、认知和实用四个方面共同建构的（图4-9）。审美体验主要是指由产品所引发的直接的感性反应，认知体验与人们的认知能力相关，帮助用户理解产品叙事结构、动作可能性、动作的解释和预期结果，以及反思以前的情景和评价目前情境，情感体验与各种不同的情感相关，情感依赖于用户经由系统进行的不同事件和交互活动，实用体验与系统的实际的实用功能相关，从而使用户实现系统的可用性。

4.3.3 情感导向的用户体验

20世纪60年代以来，以用户为中心的设计的关注点开始由用户与产品交互过程中的用户行为和认知向情感性体验（Affective Experience）转移，关于情感的研究在诸多领域展开，例如人机工程学中的情感、产品使用过程中的愉悦性、舒适度中的情感、情感与可用性的关系、情感体验对消费行为的影响、产品外观引发的情感反应对购买的影响、情感与购买后产品评价的关系、感性工程学探讨产品体验和产品特征之间的关系，以及设计领域采用定性方式进行情感测量（如代尔夫特理工大学开发的产品情感测量方法[32]）等。

情感通常是用来描述各种不同的内心体验，如情绪和心境，情绪是指非常短暂但强烈的内心体验，而心境用来描述强度低但持久的内心体验。情感是人与环境之间某种关系的维持或改变，具有积极和消极情感之分[33]，情感理论应用到设计学领域，有如下几点可供参考：

（1）人的情绪分为基本情绪和复杂情绪，基本情绪是先天的，人有五种基本情绪：快乐、焦虑、悲伤、愤怒和厌恶，复杂情绪是由基本情绪组合形成的。情感是个体对不同情感状态的自我感受，其总是伴随着某种外部表现，即表情，包括面部表情、姿态表情、语调表情三种，它们构成了人类的非言语交往方式。情感产生时总会对应着一定的生理唤醒反应模式，即情感产生时的生理反应。

（2）核心情感（Russell，1980）的体验是由正交的两个情感维度构成的，水平轴是从愉悦演变至不愉悦的情感效价（Valence）[34]，垂直轴表示唤醒程度，从低

[31] Vyas D and van der Veer G, "APEC: A Framework for Designing Experience". Position paper (2) for Workshop - "Spaces, Places & Experience in HCI" at Interact-2005, Italy, 2005.

[32] Pieter Desmet, "Measuring emotion; development and application of an instrument to measure emotional responses to products," In: M.A. Blythe, A.F. Monk, K. Overbeeke, & P.C. Wright (Eds.), *Funology: from usability to enjoyment*, (Dordrecht: Kluwer Academic Publishers, 2005), pp. 111-123.

[33] 傅小兰:《人机交互中的情感计算》,《计算机世界》，2004年5月24日，第B02版。

[34] Nico H. Frijda, *The Emotions*, (Cambridge, UK: Cambridge University Press, 1986), p. 207.

度的安静状态直至高度的激活状态，两者交叉形成的四个空间就是用户与产品或系统交互时产生的情感体验（逆时针），第一象限（愉悦——唤醒）包括：①魅力、钦佩和高兴；②鼓舞、欲望和爱；③惊讶、热切和好奇。第二象限（不愉悦——唤醒）包括：①惊讶、热切和好奇；②愤怒、厌恶和恐惧；③失望、藐视和嫉妒。第三象限（不愉悦——安静）包括：①失望、藐视和嫉妒；②无聊、悲伤和孤立；③期待、谦卑和安静。第四象限（愉悦——安静）包括：①期待、谦卑和安静；②满足、柔顺和放松；③魅力、钦佩和高兴[35]。

（3）情绪（Emotion）是诱导出来并指向外部的态度，感受（Feeling）是指向内部的且最终为人所知的状态[36]。情绪和对情绪的感受分别是一个过程的开始和结束。我们沿一个连续统一体将这个过程分为三个加工阶段（图4-10）：一是情绪状态，这是一个没有意识的被触发的情绪状态；二是感受状态，它是一种没有意识的表现出来的情绪状态；三是一种被意识到的情绪状态，即被拥有情绪和感受的有机体所认识到的状态，我们将这个感受状态称为“情感”（Affect）。情感既不是情绪，也不是感受。而是两者之间的调制器。因此情感性决策并非完全是非反思性的，因为情绪有一个认知性的组件，因此导致情绪不稳定，而对应设计，为情绪而设计常常缺乏持续性。

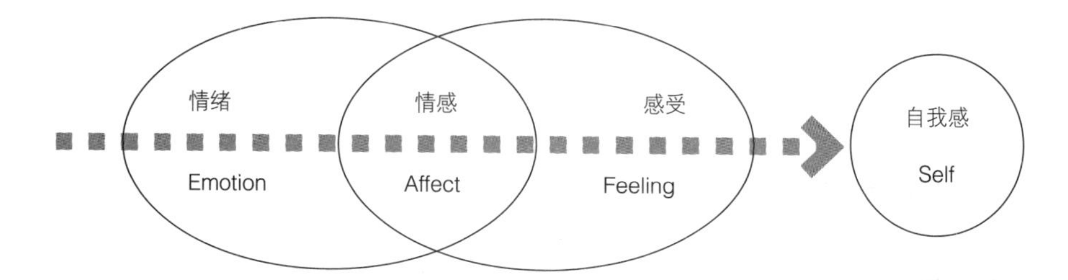

图 4-10 情感的意义

人类是如何处理情感信息的？具身认知理论研究表明：对情绪的感知和思考是对个人自身对应情绪的感官、内脏和肌肉运动的再体验。在日常生活中，处于微笑状态的人较愁眉不展的人更能体会到同一个笑话的幽默，处于危难状态的人更倾向于心仪他人。个体呈现面部表情或做出某种情绪姿势会影响个体的偏好和态度，个人的运动受到抑制时，会干扰情绪的体验和情绪信息的处理，情绪的身体表达（感知运动系统状态）与情绪信息如何呈现和解释之间存在相互作用。体验一个情绪、感觉一个情绪刺激和在检索情绪记忆都包括一个高度重叠的心理过程。通俗地讲，如感觉到某种情绪刺激——一只怒吼的熊，无论是看见、听见或有意识地感觉害怕熊，所有这些，包括神经的、身体的、主观感受（Feeling）状态就构成了对于感觉者的“恐惧”[37]。

Desmet 和 Hekkert（2007）依据核心情感理论和情感评价理论提出了一个综合产品体验框架[38]，认为产品体验主要有三个组成部分或层次：情绪体验、意义体验和审美体验（图4-11）。三个层次各具有其内在的规律性。

（1）审美体验是指产品能够使一个或多个感觉通道（视觉、听觉或触觉等）愉悦的或感官满足程度，其取决于感觉系统感知结构、秩序、一致性，以及评估新奇性/熟悉性的进化程度，这里的感官愉悦性与诺曼提出的情感化设计的本能水平类似。传统的审美体验主要是指视觉审美，而常常忽视人们的感知运动技能对于交互行为丰富

㉟ James A. Russell, “A Circumplex Model of Affect,” *Journal of Personality and Social Psychology*, Vol.39, No.6 (1980), pp. 1161-1178.

㊱ ［美］安东尼奥 · R. 达马西奥：《感受发生的一切：意识产生中的身体和情绪》，杨韶刚译，北京：教育科学出版社出版，2007年版，第41-47页，第215-221页。

㊲ Paula M. Niedenthal, “Embodying Emotion”, *Science*, Vol.316, No.5827 (May 2007), pp. 1002-1005.

㊳ Pieter Desmet and Paul Hekkert, “Framework of product experience,” *International Journal of Design*, Vol.1, No.1 (2007), pp. 57-66.

性和感性体验生成的意义。

（2）意义体验主要是指赋予产品的个性化或其他表现性特征，以及评估产品的个性化或符号象征意义，在该层级，认知发挥作用，如诠释、记忆检索和联想等，意义形成与语意诠释和象征性联想存在联系，其因个体和文化差异等有所不同。

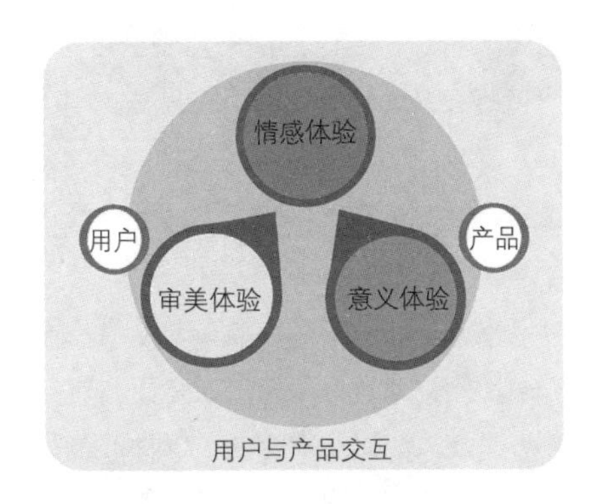

图 4–11　体验框架

（3）情感体验包括那些尤其是在情绪心理学和日常所谈及到的体验，如爱憎和喜怒。情感和情绪在心理学解释上存在持续时间和强烈程度上等方面的不同，情绪通常是由对与产品相关的意义所诱发的，是对事件或环境潜在的利弊的评价，这个评价过程通常是自动的和无意识的。

感觉的愉悦、意义的解释和情绪的参与三者通常交织在一起，作为一个整体发挥作用，体验是有用户与产品间的交互而引起的整个情感的集合。该框架表明了几种不同的情感性产品体验过程的模式，这个框架可以用来解释产品体验的个体性和分层特征。在体验框架中，三者之间较为明确的关系是审美体验和意义体验分别能够影响情感体验。

4.3.4　案例：互动灯具

计算嵌入日常事务，产品形态不再是一个静态的或被动反应的设计要素，而是越来越具有丰富的表现力，设计领域称之为智能形态，智能形态设计强调设计的时间性要素和超越视觉感官，产品形态能够感知用户行为，作出及时反馈和影响产品使用，影响用户使用体验。浙江大学钱叶丹对自然材料在智能形态设计中的应用（灯具）进行了探索，自然材料作为形态设计中最重要的元素之一，其独有的自然特征能够使用户产生丰富的感官体验。该交互灯具的灯罩所应用的自然材质主要是丝瓜络材质，以数字技术支持用户与该灯具进行良好的互动。该交互灯具能如生物呼吸般缓慢亮暗，通过内置的传感器（如震动传感器、红外传感器和超声波传感器等）感知人的触摸、挤压或位移等动作，通过控制板内部程序来控制灯光逐渐变亮，如同生物苏醒，并在有信号时保持点亮状态。触信号消失后，灯光缓缓变暗，再回到呼吸状态。灯罩由丝瓜片定型而成，在灯光的辉映中可以看到丰富的纤维状纹理和自然光晕效果，产生丰富的视觉灯光体验（图4–12）。该设计希望能给用户

图 4–12　互动灯具设计

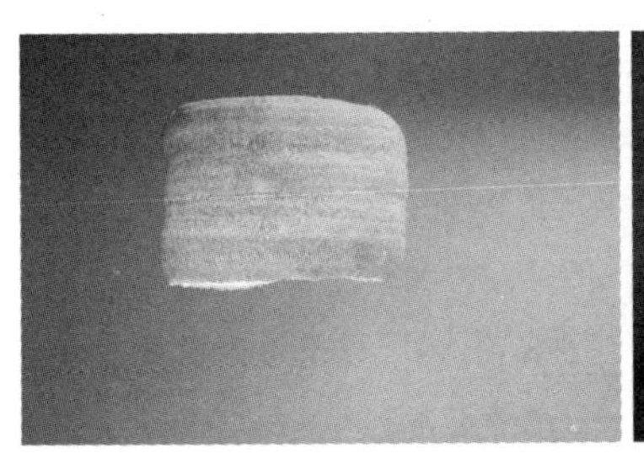

营造一种清新自然的情感体验，用户能够从互动过程中形成愉悦性的感官体验和对可持续设计的思考。

4.4 实物交互：桥接数字世界和物理世界

人的情感、思想、意志、理想、信念、人生观、价值观等，都是有意义的文化世界赋予的，或者说是文化世界在人的心理机制上建构起来的。因此，人与文化无法分割，关注人类的生物特征，以及人类不同历史阶段的文化和不同民族或区域的文化及其对人的心理的建构、性格的塑造、行为的影响等文化过程，对于我们清晰地理解人的感知运动等技能，将其妥善地应用于互动媒体设计具有重要意义。社会学和社会心理学等新兴科学描述出了社会行为科学的一般原理，揭示了社会互动是一种普遍的过程，冲突、协作、调适和愿望是人们所共具的。语言、习俗、信仰、工具和礼仪，都是前导或伴生的文化要素和文化过程的产物。文化是人类在不同的生态环境中创造出来的，并在独特的历史发展和功能过程中积累、传递、演变成了不同的类型和模式。它不仅建构了不同民族的文化心理和价值观念，而且还构成各种独特的社会结构和制度形式[39]。文化人类学从社会结构或文化情境中对人的心理和行为作出的解释是数字化环境下交互设计日常性取向的一个重要依据[40]。在日常生活中人与物交互，人对物产生情感，但是，人们依恋的往往不是物本身，而是人与物品的关系以及物品所代表的意义和情感，这个是启发设计思维的日常世界的一个重要现象。在交互设计过程中，一方面，设计师应该关注人与产品交互行为发生的自然状态；另一方面，对文化和社会的理解和认识最终要经由人类身体的行为来实现和完成，设计师需要关注人们在与自然相处时作出的无意识行为及其潜在的文化影响因素[41]，这体现了微观的人的操作性行为的生物性和自然性，以及个体性与社会性、逻辑性和社会性之间的冲突和协调，人类行为的迁移性和灵活性是其适应生存和发展的需求。

4.4.1 交互情境

在交互设计领域，情境的意义主要表现在：某些系统会把情境与信息一起封装起来作为随后获取信息的线索；将情境与系统的行为和反馈结合起来。通常，情境是从如何表征的角度来分析的，情境可以理解是一种信息形式，情境可以根据需求予以明确，活动发生在情境中，情境在同一活动内是相对稳定的。鉴于日常世界现象的思考，如以修车匠的活动为例，修车匠起初工作时，物品的排放对他的活动来说没有太多的意义，但是随着工作经验的累积和日复一日的实践，物品的排放就变得富有意义了，当然，这个意义是基于修车匠视野中的意义，表面的工作情境的杂乱无章似乎并没有使修车匠的活动变得一团糟，反而修车匠在这样一个环境中工作却能够得心应手。因此，我们可以从一个交互的视角来看待情境，“情境是对象与活动间的关联特性，情境的范畴可以动态地予以定义，情境具备场所的特性，情境产生于活动之中[42]”。物体的功能与效率仅在被使用的瞬间存在，但是在大部分的时间都成为情境的一部分。而当计算渐渐变得无所不在时，我们无需再把计算作为工具，而是情境的一部分。

[39] ［美］L. A. 怀特：《文化的科学——人类与文明的研究》，沈原，黄克克，黄玲伊译，济南，山东人民出版社，1988年版，第2页。

[40] 鲁晓波，刘月林：《具身交互：基于日常技能而设计》，《装饰》，2013年第3期，第96-97页。

[41] 李欣睿：《行为性导向的产品隐喻交互》，浙江大学硕士论文，2011年6月，第14-15页。

[42] Paul Dourish, “What we talk about when we talk about context,” *Personal Ubiquitous Comput*, vol.8, No.1 (2004), pp.19-30.

因此，我们在交互系统中主张“慢科技”[43]，不是给受众提供直接和速食的信息快餐，而是要增强其与情境的融入感和存在感，不要让物体只是成为可以快速达成目的的工具，而是当且仅当该事物出现在某个脉络中时，它才会突显出来形成一个完整表现，一个事物内在的功能就是反映整个脉络对于这个其所产生的意义，清华大学吴琼认为对真实情境的理解成为分析用户行为和寻找交互设计解决方案的关键[44]。

[43] Lars Hallnäs and Johan Redström, "Slow Technology - Designing for Reflection," *Personal Ubiquitous Comput*, vol.5, No.3 (2001), pp. 201-212.

[44] 吴琼：《情境构建的设计方法》，《创新设计管理：2009清华国际设计管理大会论文集》，北京，清华大学美术学院工业设计系，2009年，第204-206页。

4.4.2 让操控有感觉

交互侧重的是指产品是如何与用户发生关系，也就是人们如何接触和使用它。虽然人类绝大部分的信息来源于视觉，视觉元素（如造型）最易引发人们关注，但是，最终形成的体验，不只是视觉体验，而是整体的统一的身心体验，即人们在与产品交互的整个过程中形成的经历与感知。人们对产品的喜爱更体现在“可用”、“好用”和“想用”的交互层面上。从心理学角度看，视觉是人们对于产品的心理映像层面的感知，而与身体的交互经验则是对产品最真真切切的体验[45]。如今的智能手机能够实现位置感知、方向感知、触摸感知、光感感知、传输感知、影像感知、运动感知等，而这无疑表明：人们即将在操控数字信息方面复苏人们身体的基本技能，从而提升用户获取和处理信息的体验。现代的数字化产品与简单的原始工具和手工艺器物所带给人们的感知相比，失去了诸多丰富的感觉，对于那些机械化工业产品，如汽车，驾驶者都会有良好的操控感，驾驶者在驾驶过程中可以清晰地感觉到猛踩油门时发动机的咆哮声以及座椅强烈的推背感，急转弯时车身的倾斜、轮胎磨地的尖锐声音和座椅良好的承载性。我们甚至可以想象发动机内活塞的运功和齿轮之间的传动状况，但是对于大量运用数字技术的现代产品来说，我们的操控感变得越来越弱，陷身于比特“0”和“1”的数字洪流中，面对越来越流行的触摸屏，人们仅剩的是一点视觉和一丝想象力。

[45] 翁律纲：《由交互行为引导的用户体验研究》，江南大学硕士论文，2009年8月，第3页。

如何复苏曾经的操纵感成为非物质世界互动媒体设计面临的一个挑战。人类获取的信息主要来源于视觉，数字化技术的应用拓展了视觉体验的丰富性，互动产品的显示方式已经不仅仅限制于屏幕上的视觉编排、色彩丰富的图标或是动态的视频，而是以一种更自然的方式来呈现，赋予视觉元素“生命感”。在交互过程中，听觉往往作为其他感官的辅助而存在，其作用往往是用来实现有效的信息输入和感知反馈。如我们发送短信时，伴随着与屏幕的接触，会产生不同的声音；我们清空回收站时，会伴随着一种如同真实世界处理废弃物的声音，听觉反馈使操作显得更加真实。相对于视听觉在交互中的运用，人们对味觉和嗅觉的感知能力尚未被很好地利用，人机交互领域的研究表明气味能够有效地唤起人的某些情绪，而这在诸多消费品设计中已经是司空见惯。其实在很多交互过程中，触感就始终存在，现在日益流行的多点触摸交互方式，已经开始关注在真实触感的实现。在物理世界中，我们都能真真切切地受到物体的一些物理性质以及反馈信息，当然，触感不仅仅只局限于手部的触觉感知，还包括皮肤、肌肉、内耳和其他感觉器官上的触觉。另外运动感受器等所具有的平衡感等感觉对于交互媒体的设计也具有重要意义，它们能够实现虚拟感觉的真实化，如重力感应的赛车游戏，左右转有一定的阻力，感觉到物理世界的真实状况，这种反馈会增强用户的真实感。

苹果 iPhone 手机中应用的多点触控彻底颠覆了键盘和鼠标等传统交互设备的输入输出方式。从交互界面的角度看，iPhone 手机屏幕融合了输入控制和图形显示两种基本功能，仅用手指通过直观的触摸和姿势就能进行操控。微软的 Surface 桌面计算机也是将输入输出功能集成至一个桌面，它不仅能够识别用户手的触摸和姿势，而且还能识别放于其上的诸如数码相机的智能手机等数字化产品，以及相关的物理实体。这就为未来的交互范式指明了一个方向，即微软的盖茨所言的自然交互。计算机学教授 Robert Jacob 认为触摸仅仅是后 WIMP 界面中的一个组成部分，其实还包括诸如虚拟现实、情境计算、情感计算和实物交互，他认为所有这些界面的相似之处就在于它们是以实际的物理世界发生的为基本蓝图。例如 iPhone 手机的直接操纵和所见即所得的触摸交互方式，用两个手指触摸一个图像或者应用程序，然后把它拉开来即可实现放大，或者把它捏起来即可实现缩小（图4-13）。用户无需识记用户界面诸多复杂的信息布局，而只需致力于所要完成的目标任务即可，所有这些新的交互方式得益于用户对非数字化的物理世界的认知。卡内基·梅隆大学教授 Pradeep Khosla 将触摸技术发展归功于外在商业因素，而不是技术自身驱动的。经由交互实现的人与人之间的沟通交流，其理想的理论模型还是社会学和人类学意义上的人类面对面的交流，行为姿势、表情姿势和言语信息，所有汇总起来才产生了一次真正自然意义上的互动交流，而这正是未来的发展方向之一。

图 4-13 多点触摸手势

4.4.3 数字化与实物化

实物界面是指系统的外观和工作原理都模拟某种物理世界中的实体，从而达到帮助使用者快速理解系统的工作方式和操作方法。实物界面是一种极致的界面隐喻，使用这种方法设计的界面往往能引导用户发现他们所要进行的操作，达到一目了然的效果。很多交互形式设计是基于日常生活现象的不同层面的深刻思考[46]，尤其在用户界面设计领域，一定程度上，基于现实物理世界的知识和技能的交互形式能够降低用户操作复杂交互式系统的认知负担和心理压力。在日常环境中，输入与输出从根本上讲是互相联系的，这是实物媒介的一个关键特征，例如，中国传统的算盘，输入即输出。实物交互所关注的核心问题是：计算是如何成为日常世界的一种现象的，即计算是如何成为我们日常生活世界的一部分的[47]，人们是如何在一个计算融入的周围环境中感知、体验和行动的。在实物交互中，借鉴在产品设计等领域中人因工学和设计语义学等规则，可采用界面的物理属性来表明其使用方式。至少实物交互界面的物理形式要与相应的数字表征相配合。在实物设计领域，相关的探讨经常会以门把手的设计为案例，除了形式的语意特征提供动作的线索外，门把手的物理结构通过一定的物理

[46] 鲁晓波，刘月林：《实物用户界面在交互展呈中的应用》，《科技导报》，2011年第4期，第44-47页。

[47] Poul Dourish, *Where the action Is: the foundations of embodied interaction*, (Cambridge, MA: MIT Press, 2001), pp. 51-52.

限制方法也可以引导动作过程，类似内容可参考前文中关于约束的叙述。

随着数字技术的发展和应用，非物质化的趋越来越明显，如流行的非现金的电子支付，越来越多的书籍转移到了便携的智能终端和网络空间中，传统的音乐唱片和留声机等也逐渐被数字音乐播放器所取代，经由数码相机拍摄的照片超越了传统的纸质照片，可以被存储和分享到个人博客和虚拟空间等。信息革命极力推进物理世界向数字世界的转变，如电子书、电子游戏和网络社区。数字世界似有一种凌驾于物理世界之上的姿态，这表明可以克服物理世界的局限性，通过将“信息内容”与其“物理形式”相分离，提取出数字的本质将其倾倒到数字世界里。如普通的音乐唱片，由于受其物理形式的制约，它占用一定的实体空间，内容不易随意查询，而且会因风化等自然因素而很快变得失效，而数字音乐却会突破这些局限性，但是，数字化同时也丧失了一些其他相关的信息[48]，如人们可以凭借唱片的物理属性的变化（如纸质变黄）来判断其重要性，同时会赋予唱片一定的情感。

[48] 刘月林:《信息艺术设计语言：动态交互形式研究》，清华大学博士论文，2011年6月，第45-55页。

人们日益处于两个平行的世界：一个是由物质实体组成的物理世界，物理世界由功能表征丰富的物质实体构成，每个实体有其自己的功能，它们无论是否处于什么状态，都是以物理实体的形式存在；另一个是由数字比特组成的虚拟世界，在虚拟世界中，信息是无形的，虽然信息所表现的意义不同，但是其本质都一样，信息存取或存在不会留有印迹（图4-14）。长久以来，人们过度关注的是如何将物质世界的资源数字化，例如数字化是实现世界文化遗产保护、继承和发展的重要方式，圆明园遗址的数字化重建就是一个比较明显的例子。数字化产品设计研发也是发展迅猛，琳琅满目的各样数字化产品比比皆是，各种各样的信息基于这些终端实现交流传播、分享和消费等，数字化是人造物从物理世界并入数字世界的重要途径，虽然，数字世界有很多特征不受物理世界（如灵活性 ）的限制或束缚，但是，人们长久以来熟知的日常世界的诸多优点（如丰富性）也不能在盲目的数字化进程中被忽略[49]。

[49] Lukas Desmond Elias Van Campenhout, et al., “Hard cash in a dematerialized world,” Proceedings paper: Proceedings of the 14th International Conference on Engineering & Product Design Education(E&PDE), (Antwerp, Belgium, Glasgow: the Design Society, 2012), pp. 121-126.

麻省理工学院媒体实验室提出的可触比特的思想对物理世界数字化的潮流提供了一个平衡点，它承认数字世界存在的必要性，正如前述，因为数字世界突破了物理世界的很多局限性，显而易见的就是人们不一定必须在同一时间和同一地点才能交流，而基于信息技术，人随时可以在线。重要的是，可触比特思想的本质在于数字媒介和物理媒介可以是信息等效的。基于物理操纵控制数字对象，可触比特试图重新赋予数字信息以物理特征，从而能够支持在真实世界的自然交互。实物交互是一种融合数字世界和物理世界的交互范式，即使用物理实体作为工具与交互系统交流或处理信息，这些物体体现了数字信息的聚合，并且使它们更易理解与操作（实物）。通常，交互式系统设计主要是依据数字世界的

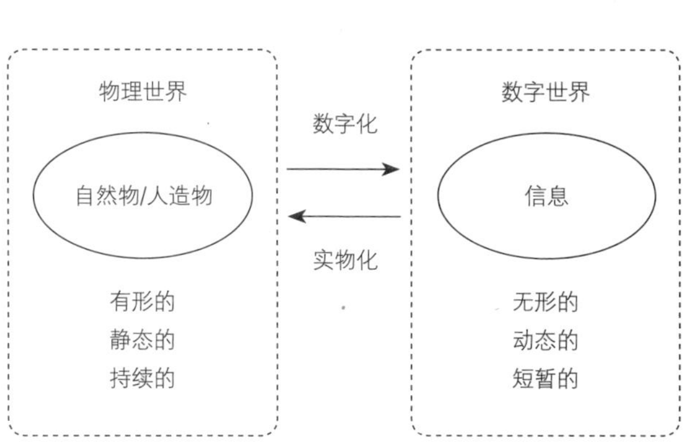

图 4-14 物理世界 vs. 数字世界

规则而进行设计，实物交互则是依据物理世界的规则进行设计。数字世界的设计规则，如数码相机、手机和电脑等共享相同的接口，类似的交互界面规则也存在一定的不足。

实物交互包括诸多不同方面：一是通过计算（数字信息）增强日常世界，融入计算的杯子、枕头或药瓶等能够对用户的情境变化作出反应，例如，数字技术支撑的老年人保健服务系统中，具有计算功能的药瓶本身能够根据老年人吃药状况提示吃药相关的信息；二是计算嵌入在处于物理环境中的产品或设备中，它们能够相互感应位置和距离信息，在这样一个环境中，各种产品或设备能够与计算机进行通信，根据服务的要求调整自身，例如智能家居；三是在一个融入计算的活动空间中，通过物理实体实现直接交互，而不是通过传统的图形用户界面和鼠标等外围设备。实物交互探索的是如何重新审视人们在现实世界的日常技能，以为人们创造一种直接而真实的身心体验。

4.4.4 案例：数字支付终端

由于实物交互是最近几年才兴起的设计专业方向，因此这个领域基本是处于实验探索的阶段，真正实现商业化运作的设计不是很多，大都是面向未来的一些设计原型的展示，但是在不同程度上，这个方向的价值已经初露端倪，这尤其体现在智能手机、游戏设备和智能玩具的设计上，而且在微软和英特尔等国际企业的支持下，其发展态势较好。在这个研究方向上，美国麻省理工学院媒体实验室和荷兰埃恩霍芬理工大学工业设计系比较突出，相比于麻省的技术氛围，后者的设计味道更浓一些，因此下文将以埃恩霍芬理工大学的一个设计项目"数字支付终端"为案例来探索实物交互设计思想及其应用，除此之外，还有一个原因是笔者曾经参加过一个 Kees Overbeeke 教授主持的短期课程学习[50]，此处以他的一个设计课题作为实物交互设计的分析案例[51]，不仅表达对教授深深的敬意，而且，更重要的是这个设计课题在设计领域具有非常强的实验精神和探索意义。

在诸多的毕业设计中，有很多高校的学生都会选择数字支付终端设计作为毕业设计内容，侧重的内容各有不同，其主要设计点基本上都是侧重于收款机产品造型设计，依据传统的产品设计程序和方法，专注于物质实体的形态、材质和色彩设计。因为收款机是比较复杂的销售点信息管理系统的终端设备之一，因此有许多设计都是从产品系统设计的角度展开的，也有是基于服务设计的视角进行的。即使从交互方面考虑，也是在人机交互设计领域侧重于软件图形用户界面的设计。传统的设计，尤其是涉及数字化产品的设计时，用户控制和产品反馈之间通常存在一个认知鸿沟，大都是依据文本说明和图形提示的方式来填充，很少有从设计学领域交互行为和认知的层面上进行设计。而此文所举的这一设计案例整合了信息设计、交互设计和体验体验，其设计目标就在于增强支付行为的透明度，使支付过程形象化，即使支付交互行为更加可及、有趣而又富有意义。

数字支付终端主要面向卖家和买家，其主要有卖家和买家两种模式，双方以此为媒介完成交易行为（图4-15）。传统的手持POS机实现交易的过程主要包括：卖家

[50] 2010年秋季笔者有幸参加了由埃恩霍芬技术大学工业设计系负责智能产品和系统设计方向的Kees Overbeeke教授主持的一个设计课程，教授是国际设计领域的一位著名设计学者和布道者，在Overbeeke教授的指导下，笔者对实物交互的理解有了较大进步，可惜一年后，Overbeeke教授不幸去世，这期间我们仅因感性工学和情感设计国际研讨会的事情通过两次电子邮件，其后便无联系。

[51] Lukas Van Campenhout, et al., "Physical Interaction in a Dematerialized World," *International Journal of Design*, Vol.7, No.1 (2013), pp.1–18.

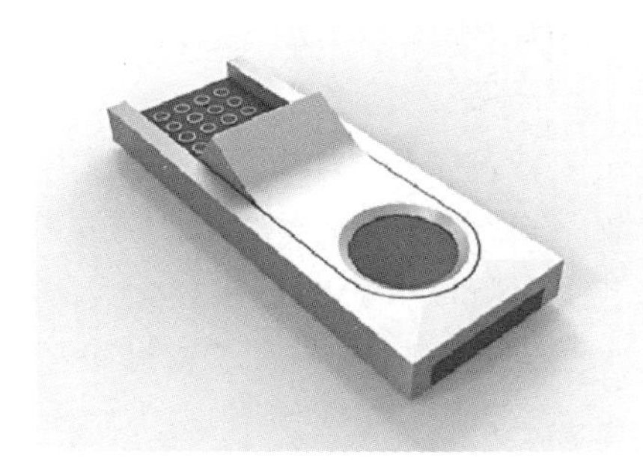

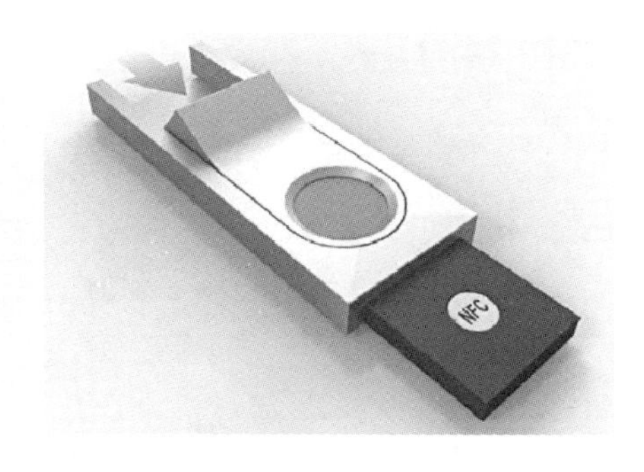

图 4–15 数字支付终端（左：卖家模式；右：买家模式）

输入消费金额，刷消费卡或手机支付，买家确认消费金额和输入消费卡密码，完成支付和消费者签名核实，最后完成消费交易。这一过程是买卖双方在不同阶段通过同一个显示控制界面而实现的，信息交流主要是依据显示界面上的文本说明。

该数字支付系统主要由三个模块构成，每个模块承担着不同的功能：卖家模块，其主要功能是卖家输入支付数额，将支付数额告诉买家；买家模块，其主要功能是准备和执行支付交易，确认交易；个人缴费模块，其功能主要是买家通过消费卡，依据近距离无线通信完成缴费行为。其具体的交互行为过程为（图4–16）：①交易开始，数字支付终端为卖家模式，卖家在键盘上输入支付数额，推动滑块给买家显示支付额度。②支付数额显示在交易终端上，支付终端变成买家模式，显示近距离无线通信（NFC）符号，买家把由NFC支持的消费卡或智能手机等放在推出的滑块上，NFC识别后，交易被处理。支付交易过程中，买家手机或其他终端上显示的红色液体会流入支付终端，当红色液体停止流动时，交易完成，买家取走手机。③支付确认，买

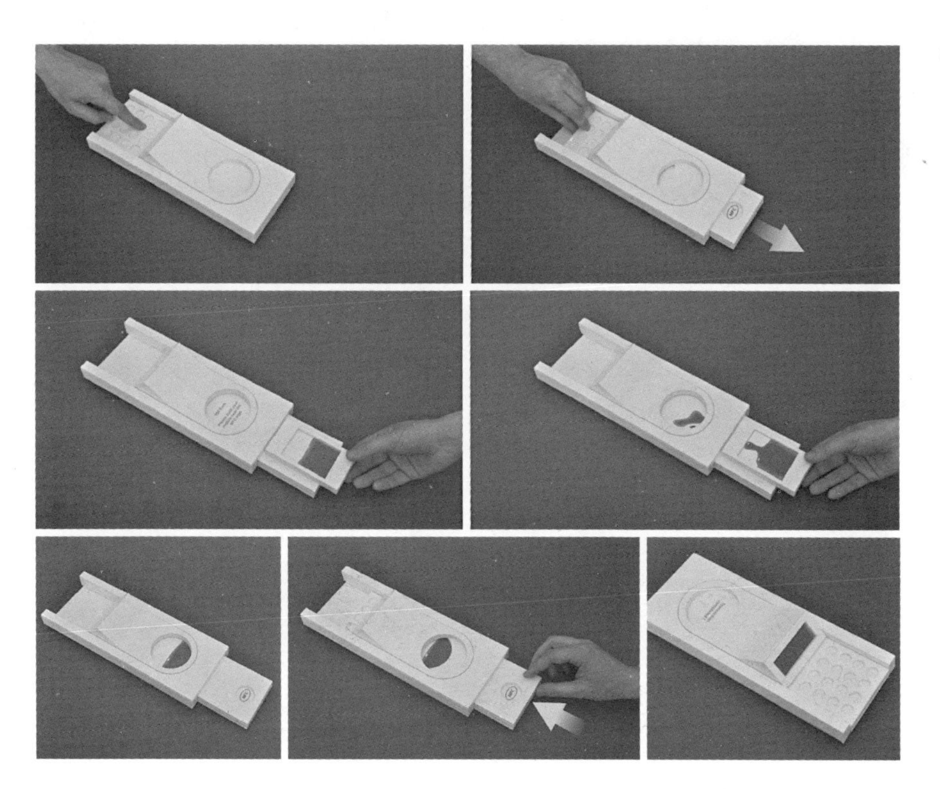

图 4–16 数字支付终端使用过程

家推回滑块给卖家，支付终端转换为卖家模式，卖家一侧显示红色，买家一侧显示消息。

数字支付系统的设计优点主要表现在它将买卖双方的交易行为予以清晰的视觉化表现，形象地将数字支付这一“黑箱”表达出来，产品功能分区明确，买卖双方的交互逻辑清晰。但是，对于款额变化这一现象，在选择具体的形象化的表现方式上有些不足，虽然如此，其在探索基于近距离通信技术上的支付方式设计方面非常具有参考意义。

5 社会媒体——价值与认同

社交媒体专家阿耶莱特·诺夫（Ayelet Noff）认为，随着数字化技术不断应用于人们的日常生活，将来物理世界与数字世界的连接将更加紧密，人们可以通过各种信息智能终端定位自己或他人的地理位置，随时随地的与他人分享诸如购物或娱乐信息，而且未来的医疗保健系统将更加智能、便捷和友好地实现用户对于个人身体健康的关注[①]。飞利浦设计总监斯丹法诺·马扎诺认为，"顾客真正需要的是使人们高兴的和那些非常美好但他们从没期望过的东西"[②]，而设计创新的宗旨就是去满足或引领社会大众的这种价值需求。

① 《未来社交媒体10大趋势》，《中国传媒科技》，2011年第7期，第20-21页。

② ［荷］斯丹法诺·马扎诺：《设计创造价值——飞利浦设计思想》，蔡军，宋煜，徐海生译，北京：北京理工大学出版社，2002年版，第23页。

一般而言，设计价值不是单一的，而是以某一价值或价值核心为基础的价值体系；不同的设计类别其所取向的设计价值也不完全不同；同一产品或产品系列在其不同的环境中（如产品生命周期、具体的使用环境）不一定会具有相同的价值或体系。例如在中国杭州地区，传统的茶叶产业面临巨大的挑战，茶原有的文化底蕴日益丧失，由于很多消费者对茶的品质无法依靠传统方式予以准确判断，致使茶叶消费者越来越趋向于中老年，茶只能依靠与其他饮料（如可乐）类似的营销途径获取青年消费者群体。而且，由于在茶叶种植过程中使用了某些有害人体健康的肥料，茶叶绿色健康的形象受到了负面影响。在这个背景下，浙江大学的王琛和李思琪等设计了一个面向用户和茶农协作的茶园服务系统，该设计依据服务设计理念，让消费者充分参与茶园管理，不仅有利于提高茶叶品质，而且有利于提升茶叶种植、生产和消费全过程的用户体验，设计通过融合科技和设计创新，倡导生态和休闲农业，推动茶文化复兴，这深刻地体现了基于本土的设计价值取向。

基于用户参与的茶园服务系统的构建主要分为两个组成部分，一是用户基于移动终端设备（如手机）和茶园终端实现远程参与茶叶种植过程；二是对于茶叶种植过程中无法直接远程参与或者种植技术含量比较高的工作，用户与茶农协调后选择性参与，以倡导一种新型的休闲活动。用户基于移动终端设备完成的工作是用户通过"认领"的形式将茶园某地的茶叶予以承包，以此形成用户和茶树之间的种植关系，用户直接对其茶叶的生长情况和品质进行负责。茶园终端设备用于监控茶树生长状况，将相关信息传至用户的移动终端，从而用户能够实时掌握个人所负责的茶叶生长状况，采取控制某些远程设备（自动喷灌系统）等方式维护茶树生长（图5-1、图5-2）。

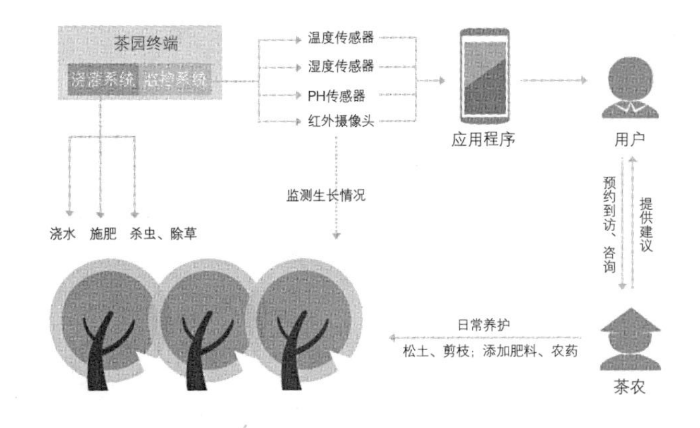

图 5-1 茶园移动终端应用系统
图 5-2 茶园移动终端应用程序

5.1 社会媒体

工业革命将机械或机器嵌入许多人们熟悉的物品中，创造了前所未有的机械化产品。电的普及把我们带入了一个即插即用的电气设备时代，使人们的生活变成了一个由电子机械构成的舞台。而如今的计算机技术和网络技术正在把原本并不具备智能的物品智能化，数字化时代带给我们的将是智能自适应、自动个性化的完全不同的经济形式，人们的生活环境日益变得非物质化和非实体化，人、比特、原子之间的相互作用相当复杂而微妙。因此，也给产品设计师和建筑师提出了一些新的设计议题，米切尔（2005）对此进行了深思，后工业时代的设计需要慎重地考虑功能、形式和程式代码之间的相互关系[③]，如是应该制造电脑类似的多用途产品呢，还是制造单一用途但能相互作用的一系列产品，如同智能手机和数码相机那样的功能分开的信息工具呢？人们日常周围环境中的一切将在不知不觉中被数字化，人们将使用越来越智能化的器具，例如公共场所的ATM机、商店和超市的电子收款机、交通终点站或楼房大厅的电子信息服务台、厨房家电用品和洗衣机中的可编程控制系统……

③［美］威廉·J·米切尔：《伊托邦——数字时代的城市生活》，吴启迪，乔非，俞晓译，上海：上海科技教育出版社，2005年版，第67–68页。

5.1.1 社会媒体范畴

社会媒体，某种意义上像是一个包罗万象的概念，它不是单纯地指诸如Facebook 和 Twitter 等社交媒体（Social Media），社交媒体主要是指基于社交网站、微博、微信、博客、论坛、播客等一系列以互联网为支撑的人们彼此之间用来分享意见、见解、经验和观点的工具和平台。社会媒体理解为是社会性的媒体或能够促进社会化的媒体会比较合适，这是一个跨领域的整合性的概念，它与工业产品设计、建筑设计、交互界面设计和服务设计等诸多领域相关，旨在突出不同媒体（产品、服务和系统）基于数字技术而整合，将消费者、生产商、销售商和服务商等相关者密切联系在一起实现某一功能的设计应用。社交网络[④]、数字学习、数字游戏和物联网应用（如智能家居）都属于社会媒体的范围。一个物物互联的设计案例就是在人们跑步时，可通过 iPhone 应用将身体生理变化状况与 Facebook 和 Twitter 的个人资料相关联，记录和分析运动信息，且能与好友分享相关数据，这种不同媒介之间的相互连接关系在未来会更加密切（图5–3）。

④ 1967年哈佛大学心理学教授Stanley Milgram提出六度分割理论，认为每隔6个人就能认识一个陌生人，这一理论的提出为社交网络的形成奠定了理论基础。社交网络就是诸如Facebook、Twitter和Flickr等一群拥有共同志趣与活动的人建立起来的在线社区。

社交媒体在其所居的群落里角色万千，真如社区变得越来越庞杂。区别于亚马逊、京东和淘宝等网上购物平台，各种社交网络将成为在线购物的主渠道。由于虚拟社区庞大的用户群及其积极的参与程度，其蕴藏着巨大的消

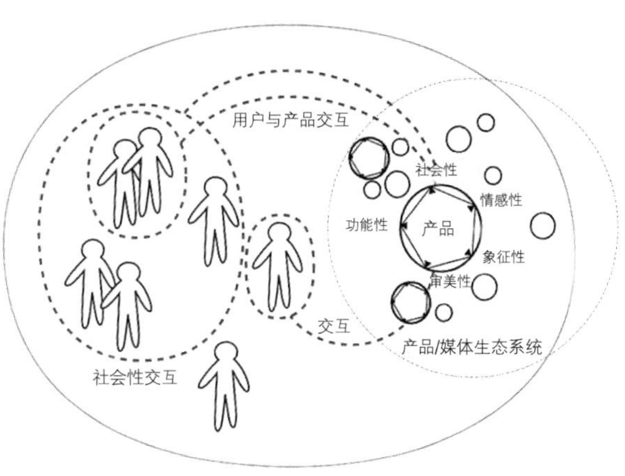

图 5–3 社会媒体示意图

费力，可能会为企业带来利润空间。因此，诸多消费品牌在社交网站上开店，支持用户直接购物，如 Facebook 可能会成为网上购物的另一种渠道。随着近距离无线通信技术的发展，消费者可以基于各种便携的智能终端（如手机）即时获取所处地理位置的商品折扣等购物信息，移动购物（如下文的手机购物个性化解决方案“爱购”）将更加灵活高效。服务运营分工将越来越细化和全面，当然也不乏提供一揽子服务的，如谷歌地图，奢侈品、团购、美食、出租车、旅行、测试和维基等各式各样的服务将层出不穷，从而为设计驱动的社会创新开拓了多种可能性。

随着数字化技术的不断发展，信息（数据的有意义的组织形式）无处不在，信息增强或扩充了事物的功能，信息正在从根本上改变人们与周围物理世界的关系。物与物互联是未来信息社会发展的一个重要趋势，在计算机技术和网络技术等的支撑下，不同的事物之间实现信息的互通有无既成现实，而基于信息所联系在一起的这些不同的事物或媒体共同构成了一个媒体生态系统——整合媒体，它们为实现一个特定的作用而彼此独立且又相互协作，这本身就具有了社会性的意义或促进了社会性行为的发生[⑤]，而且，它们基于自身功能的发挥将各种社会关系联系在一起，实现了资源的优化配置，推动了社会可持续发展。正如那不勒斯大学教授 Vito Campanelli 在《Web Aesthetics:How Digital Media Affect Culture and Society》一文中所认为的，网络是一种介于新媒体和社会之间的媒介，比其他任何媒介都能够促进全球范围内的信息与行为的传播。

⑤ Jodi Forlizzi, “The Product Ecology: Understanding Social Product Use and Supporting Design Culture,” *International Journal of Design*, Vol.2, No.1 (2008), pp 11-20.

任何一个事物都可以嵌入计算实现网络互联。例如汽车，在2010年奥迪都市未来设计大赛中，德国建筑师 J. Mayer H 设计了一个名为“Pokeville”的城市概念[⑥]，其设计构思反映出数字技术对于人类生存状态等将会产生深刻影响。其设计构思是：1985年臭氧洞的发现改变了人们对于未来的思考，资源消耗、生产和机动车成了争论的焦点。21世纪初，随着数字技术的引进和电力开始作为城市主要能源供应，城市开始变得无污染和无交通堵塞，朝着绿色、清洁、安静和节能的方向发展。数字监控和支持技术让城市和居民成了数据流，进而模糊人、车和建筑之间的界限。个体移动性与数字增强的城市空间和自动化驾驶形成了强烈的连接，个性化数据在人与环境之间实现交换。因此，交通工具无需不断停泊，行人重新夺回了失去的空间。数字技术导致了新的感知和表现形式。汽车从一个为交通而被操纵的观察者的角色转变成了一个感官体验的机器（数字界面），在城市中坐车出行，首先考虑乘车人的感觉和心情，人们和城市环境之间达成了一种全新的互动。人们穿梭在城市之间，汽车变成了一种社会性媒介，随时迎合人们的兴趣（图5-4）。

⑥ 详情参考http://www.audi-urban-future-award.com。

5.1.2 社会性服务设计

一个体验的形成，对设计师而言，不仅仅只是需要完成传统的产品功能和形式设计，因为用户体验的生成不只是一个用户使用产品的过程，而与用户消费期望至购买行为发生，以及至对于产品的维护和废弃的诸多环节相关联，而且，在一个广义的服务系统中，体验生成不仅仅是与该产品本身相关，其还与实现某一特定目标的其他相关的产品相关。如今，在信息社会背景下，诸多的产品或是信息终端除了是一个人造

图 5-4 未来城市

物之外，已经转变成为一个媒介，这个媒介所扮演的角色已经突破了纯粹的实用性功能的实现，而关注如何传播意义、激发积极情感和实现用户价值。通俗地理解，那就是可以以拟人的角度来看这个媒体，它是否和如何为用户提供所需要的服务。因此，广义的产品设计转变形成了一个专注于基于整个产品生命周期、面向目标用户群体提供系统性解决方案的服务设计。通常，服务设计比较关注售后服务设计和零售服务设计，实际上服务设计内涵比较丰富，它包括基于物理产品的服务设计（如英国伦敦巴克莱自行车出租计划）、非实体性服务设计（如微软创新系列中的银行个人理财服务创新设计）和公共性服务设计（如公共性医疗和交通服务设计）等。

基于物理实体产品的服务设计的一个经典案例就是苹果公司的 iPod+iTunes 模式（图5-5）。iPod 是由苹果公司推出的便携式音乐播放产品，外观轻巧时尚，主要用于音乐播放和图片浏览等，支持蓝牙等信息传输技术，后期版本支持多点触摸技术，使用户操作数字信息更加灵活自由。iTunes 是一款可供 Mac 和 PC 使用的免费应用软件，它集合了音乐、图像、影片、app 和 podcast 等，以及面向大学生用户群体的 iTunes U 讲座。它是一种新的商业服务方式，为用户提供了一种便携的和符合法律规范的音乐消费方式，用户无需在传统的磁带或CD中反复寻找自己感兴趣的音乐，用户可以通过 iTunes 快速浏览和整理自己的音乐收藏，也可将它们传输到其他外围设备，随时随地点击一下倾听音乐、podcast 和 iTunes U 里的讲座。

图 5-5 iPod+iTunes 组合

iPod+iTunes 推动了数字音乐革命的发生，改变了人们的娱乐方式。另一个典型的设计案例是私人教练 Nike + iPod，它是一个专注于用户健身体验的服务设计，通常人们健走或跑步大都是一项比较随意的运动方式，一般不会或不方便获取和记录相关的数据，因此，对于个人而言这项活动会比较单调，个人仅仅是根据自己的感觉粗略地估计身体状况，通常不会由比较科学的方式得知个人健康状况。而 Nike + iPod 组合提供了一种新的健身服务方式，用户可以选择自由式的健身模式，或者选择以时间、距离或卡路里消耗量为基准的健身模式，配以自己喜欢的音乐，享受随意愉悦的运动过程。在运动过程中，iPod 会实时记录和显示运动的时间、距离、速度和卡路里消耗状况等信息，这些运动信息可以传至网站“Nikeplus.com”，与以前记录的数据进行比较以分析用户的表现。用户可以和网络上的跑步者保持联系，在任何地方皆可开始一场虚拟比赛，挑战竞赛者。基于“iPod+iTunes”的辅助，健走或跑步运动不仅仅只是个人的一项休闲性的、时尚性的和健康性的活动，而且成为一种新颖的与他人竞赛的社会性运动。

5.1.3 社交网络服务应用

在社会媒体的范畴内，社交网络比较具有代表性，其原因是人们很多时候无法清晰地区分虚拟世界和现实世界之间的差异，现实世界以前作为生活背景常常为人们所忽视，现在却成了人们困惑的一个根源：现实世界和虚拟世界究竟是不是镜像关系？虚拟世界是现实世界的等同物？所有类似的疑问所带来的人们对于伦理道德价值观的反思是社交网络服务所不能忽视的议题。从某个角度而言，社交网络就是以计算机为媒介的：发起人面对机器A，然后机器A对机器B进行迭代换算，再由机器B传递信息给接收人，或者用户个体直接从计算机网络中获取信息（如知识等）（图5-6）。社交网络给人们带来了全新的体验[⑦]，但同时也往往忽视了人们在现实世界交往过程中的情感需求。人们如何能够在享受数字化提供的诸多便利的同时，依然能够感受到传统人际交往中的那一份温情？人的精神情感能否在虚拟网络中得到满足？社交网络是连接人与人的媒介，又是人与机器互动的界面，社交网络使人与人的沟通方式逐渐由主动的直接联系变成间接式的方式，这容易使用户产生负面情感。信息时代背景下的设计，情感不容忽视，设计师不仅要辨析用户在社会交往中的特征和情感需求，还要将

⑦ 通常，社交网络会具有一个独特的服务主题或方式，例如数字音乐社交网站 Bandcamp（Ethan Diamond，网址为http://bandcamp.com/），其特色主要包括：设计风格简约，模块化信息布局允许用户按照自己的艺术品位和喜爱进行个性化设置；专注于用户需求的搜索引擎优化，将搜索结果直接关联其网站；提供几乎所有主流格式和压缩比率的音频文件；而且，还提供针对诸如 Twitter 和 Facebook 等社交网站的分享功能。Bandcamp 的成功源于它围绕与音乐相关的各个环节（如音乐编码）都给予了用户充分的自由。

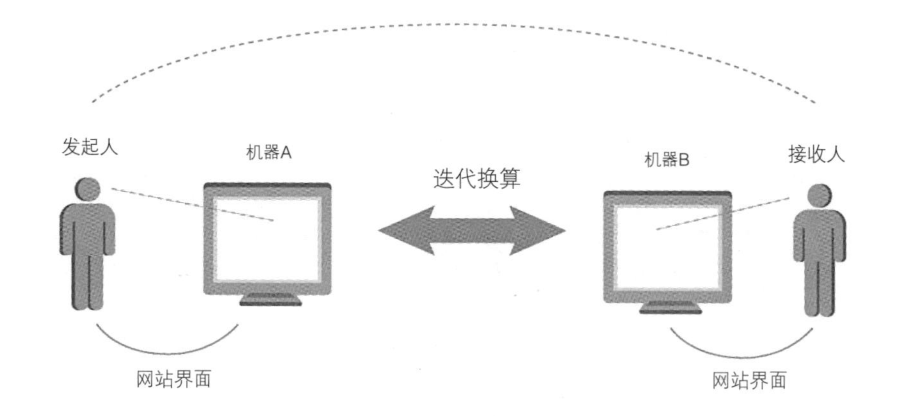

图 5-6 社交网络媒体

这些特征和需求用个性化、风格化、情境化的设计表现出来，以此促进现实与虚拟社交空间的融合与拓展，创造满足情感需求的高品质信息消费方式[8]。

袁瑛瑛基于现有社交网络服务移动端应用软件现状，提出了增进情感交流的社交网络服务设计创意《大手拉小手》（图5-7），其设计目标主要是解决家庭成员之间相互的情感交流问题：为上班族的年轻爸爸提供一种应用服务，增进爸爸、宝宝和妈妈之间的情感交流，以及不同爸爸之间的相互沟通。这个专注于情感需求的应用服务的具体设计构思是：

（1）基于前期调研分析，发现照片是最能唤起您美好回忆的物品。上班族爸爸对宝宝的成长记录，照片是一个重要形式，因此，在应用中设计了一个名为“记忆口袋”的服务。“记忆口袋”思维主要功能就是记录爸爸和宝宝的点滴时间，以电子相册的形式保存，以便于翻阅。

（2）通过对已有的面向妈妈们的类似应用分析，发现爸爸们的实时在线沟通也是增强家庭成员之间情感纽带必不可少的，因此，应用提供了“全职奶爸”的服务，“全职奶爸”能实时地分享奶爸们的心情，同时，还具有在线求助和好友的功能。

（3）应用的主要用户群体是上班族爸爸，他们在日常的生活中压力很大，但是他们通常不愿意吐露心声，在这样一种现实环境下，为疏导他们的负面情绪和缓解他们的精神压力，应用提供了第三个功能：“压梨山大”，其主要是以一种游戏的方式引导用户宣泄情绪，将压力“写”出来，然后再“销毁”。

另外，应用服务还有一个辅助功能：“完美男人”，其主要功能是辅助上班族爸爸学习关于女性的一些知识，以增强爸爸和妈妈之间的情感。

如同潘云鹤院士所言：“社区是一种重要概念，一个住处、一个职业、一本书、一首歌、一件作品、一个软件都能成为社区。”[9]这个社区也不再仅仅是限于由具体的物理性事物构成，而是扩展至一个基于网络的虚实共存的复合型社区，即是社交网络也不例外，未来的社区应将用户从物理设备的束缚中解脱出来，专心于社区活动内容，适用于人们的真实的需求。如社交网站 WalkScore.com（图5-8），在WalkScore上输入一个地址，就会出现一个 WalkScore 分数来表明这个地点附近有哪些可以步行去的地方。它能够计算出任何一个房屋地址至附近生活设施的步行指数，从而帮助找到一个适合步行的居住区。其通过评估居民步行至住所附近的超市、

⑧ 袁瑛瑛，黄海燕：《从用户情感需求出发的社交网络服务设计方法》，《包装与设计》，2012年第6期，第104－105页。

⑨ 潘云鹤院士在2012年宁波首届中国设计发展论坛上的发言，潘院士认为：创新设计是文化艺术创新、科学技术创新、用户服务创新、产业模式创新等多学科广泛交叉的集成创新。

图 5-7 《大手拉小手》社交网络服务设计创意

图 5–8 Walk Score

餐馆、学校、公园等设施是否方便，创设了一种分析生活机能的步行指数。该指数介于0到 100之间，分数越高表示生活机能越佳，90分以上则属理想，从而为居住房屋的评级提供了有益参考。

5.1.4 案例：个性化定制

从设计实践和商业应用的角度来看，体验的主要意义在于消费者如何经由对单一产品的体验和服务体验提升到对某一品牌的情感体验，即用户在与产品或服务的互动过程中，对其某些特征或属性产生积极的情感，持而久之会对该产品或服务产生依恋感，形成较高的忠诚度。虽然情感具有个体性和复杂性等特征，不同的人对同一对象或过程会具有不同的情感反应，同一个人对一个对象或过程可以产生多种情感，以及情感体验可能仅仅是一种短暂的心理体验过程。但是，类似的情感产生过程为情感体验提供了个合理的基点，在复杂的情感体验中，如何为用户塑造符合品牌价值的合适的体验对于增强品牌的忠诚度较为重要。虽然善用消费者情感特征能够促进消费者的购买行为，但是，从产品或服务的整个生命周期来看，消费者与品牌良好关系的建立更多取决于购买行为发生后拥有和使用该产品或服务阶段所形成的体验，只有产品或服务能够不断地满足用户对于产品或服务的情感需求，才可以形成用户对产品或服务的依恋感。依恋（attachment）这一心理学概念主要是用来描述抚养者与孩子之间一种特殊的情感联结。依恋理论后被应用到设计领域，增强“依恋感”意指增强用户对于某一产品或服务的情感关联程度。研究表明，可以通过如下几个途径增强用户对于产品或服务的依恋感或忠诚度：是否能够使我感觉与众不同，是否能够使我具有群体归属感，是否能够使我想其某些回忆，以及是否能够使我产生愉悦感。由于设计与上述途径关联的程度不同，荷兰代尔夫特理工大学的 Govers 和 Mugge 认为个性化设计对于提高用户对于物品的依恋比较能够予以把握，消费者对那些能够与他们的个性相适应的产品或服务更加钟爱，因为它们能够彰显自身的个性化特征[10]。譬如，人们很多时候会因为怀旧情结而对貌似孩童时代的产品或是游戏等事物情有独钟，现代

[10] Govers, et al., "'I Love My Jeep, Because Its Tough Like Me': The Effect of Product -Personality Congruence on Product Attachment," in Proceedings of the Fourth International Conference on Design and Emotion, Ed. Aren Kurtgözü, Ankara, Turkey.2004.

游戏设计中很多是传统游戏的数字化表现极其延伸，如玩扑克游戏等，人们倾向于在与某些自己喜欢的或具有特别之处的事物的交互过程中形成较为强烈的情感体验。

个性化定制是用户参与设计的一个比较直接有效的方式，虽然用户参与设计过程需要设计师能够谨慎配合和指导，但是，用户通常能够对于个人投入较多的设计持有较为持久的感情，因此对于满足消费者需求，促进购买行为和增强用户忠诚度等皆有重要意义。其中一个比较具有代表性的案例，就是耐克能够从传统的工业化时代的产品设计销售模式转向数字化时代的基于网络的个性化定制服务模式（图5-9）。耐克为消费者购买属于自己的鞋子提供了多方面选择的可能性，消费者可以选择鞋子型号、鞋底柔韧性、鞋子不同部分的颜色和在鞋子上面标注个人标识等，从而自己设计一双专属自己的鞋子。在个性化定制过程中，消费者加入了诸多个人情感，产品中就会蕴含较多的个性色彩，增强了个体对产品的钟爱感。但是，毕竟消费者不是设计师，他们可能不会具备个性化定制所需要的知识、经验和技术，因此，如何使这一过程切实可行非常关键。设计师的职责就是能够为消费者提供一个良好的定制情境，消费者能够和定制平台之间形成良好的交互机制，既能使这一过程变得轻松愉悦，又能够定制出消费者所期望的高品质的产品或服务。个性化定制是一个能够用来促进人们对产品或服务长期钟爱的可行的策略，它有助于社会可持续发展，消费者会认为个性定制化的产品或服务是不可替代的，因此会对产品或服务的情感体验持续较长时间，从而能够延长产品的寿命周期[11]。

⑪ Mugge Ruth, "Why do consumers become attached to their products," *uiGarden (Internet journal)*, 2007. http://www.uigarden.net/english/why-do-people-become-attached-to-theirproducts.

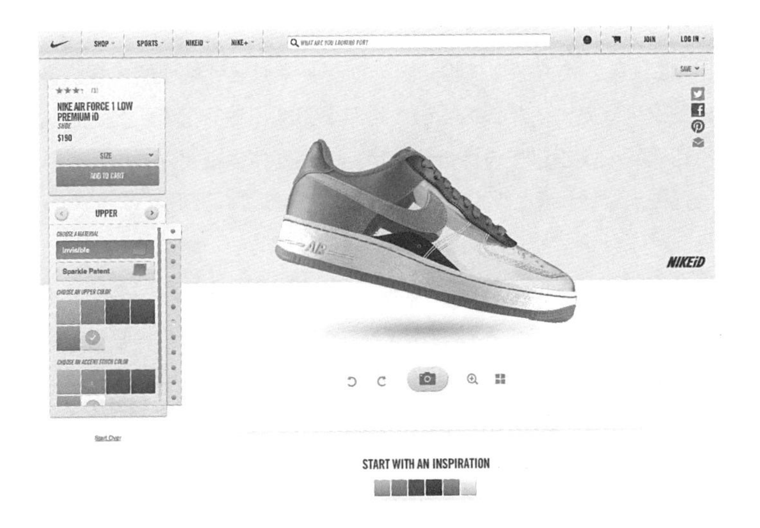

图 5-9 耐克的个性化定制服务（NIKEiD）

5.2 设计价值

根据百度百科，在哲学领域，价值描述的是一个关系：人与物之间的需求与满足的对应关系，如果物能够满足人的需求，其就会被判断为具有一定的价值。价值是一个矛盾统一体，它是社会性与主体性、绝对性与相对性，以及客观性与主观性的统一。价值是一个关系范畴，它具有两个面向，事物客观属性对人的效应（如通过QQ

实现即时通信）以及人对发生该效应的事物的评价（如能够满足用户的情感需求）。总之，价值判断是人们在日常生活中时常发生的认知活动，是人们对于外界事物特征能否满足个体需求的一种思维取向，对于价值的本质的理解具有不同的观点，表5-1仅对其中的部分进行了汇总比较。

不同价值学说的描述 **表5-1**

价值学说	对于价值本质的描述
本性说	价值是人类本性，是人的生物性质的一部分，而非后天获得的，如真、善和美等
情感说	基于理性人的批判，认为无法准确量化的感性价值（如美感）的源泉在于情感
抽象说	价值是抽象的，如规范和信念，价值评价就是对事物抽象价值的反映
有效说	价值不在于事物物理性或心理性的存在，而在于事物对人的自许和期望等的有效性
关系说	价值不因人对事物的认知判断活动而存在，而是指相互联系的事物之间的一种关系
需求说	价值即为事物满足人们某种需求的关系
属性说	价值是指事物本身所具有的有用属性
主体说	价值是作为主体的人根据个体需求所有意识的赋予事物的一种属性
经济说	价值即为凝结在产品中无差别的人类劳动

5.2.1 设计价值类别

设计能够实现持续性创新，创造不同的用户价值[12]。价值在设计领域有不同的类别划分，清华大学鲁晓波教授认为设计就是要设计出能够让人体验到价值的产品、环境或事物[13]。他在报告《价值、体验和设计创新》中对设计价值的内涵从多个层面上进行了广泛的探索：昂贵、奢侈或复杂（相对于简约和朴实）是否是设计价值诉求？环境保护、自然和和谐是否是设计价值？精神、信仰和象征是否是设计价值？科学、精致和准确是否是设计价值？原创是否是价值？以及解决问题是否就等同于创造了价值？本文中，将设计价值具体区分为实用价值、社会价值、审美价值、生态价值、伦理价值、经济价值和体验价值共七个类别。每一个具体的设计实践都是在协调上述价值过程中实现的，如自20世纪六七十年代以来，随着人们环境保护意识的唤起，社会意识运动日益在设计领域演变成为绿色生态设计浪潮，设计的生态性成了设计评价的一个重要维度，而且成了一种工业规范和标准。

1. 实用价值

物能够满足人们某种需要的效用。物品的效用是由它的自然性质决定的。不同物品有不同的使用价值，如粮食可以充饥、衣服可以御寒。同一物品也可以有多方面的使用价值，如木材可以作燃料、做家具、盖房等，并随着人们生产经验的积累和科学技术的发展，其用途越来越多，例如手机用途日益泛化，不再仅仅是通话功能。使用价值更多是从技术功能的工程角度来限定的。

2. 社会价值

设计的社会价值体现了设计的社会意义，设计不仅仅只是提供设计物，而且要考虑设计对于以设计物为媒介的社会关系的塑造和改变。早期设计运动诉求于设计的

[12] Bill Moggridge, "Innovation through Design," Paper presented at the International Design Culture Conference-Creativeness by Integration, Korea, May 2008.

[13] 鲁晓波：《价值、体验与设计创新》，《深圳大学学报(人文社会科学版)》，2010年第2期，第152-153页。

“民主化”和“精英化”，因此派生出诸多的设计哲学，如包豪斯时代的民主主义设计思想。现代的通用设计是设计追求社会价值的典型表现，在设计领域里，历史价值已经演化为“经典设计”、“设计复古”等设计活动和趋势，或从另一个角度可以理解为价值随时间演变而形成的独特的历史价值。

3. 审美价值

传统的艺术价值应用到设计领域，更多的是强调设计作品的艺术美感特征，由于设计活动是追求艺术与技术的完美融合。关于审美价值的界定在美学研究领域具有很多流派。美是审美价值的基本形式，在工业时代，设计美学价值是局限于理性的机械美学的范畴内，美的创造主要依靠诸如统一、变化、节奏、韵律等形式规律的把握和运用；在信息时代，在新的设计领域里，新的美学范式将更关注人类自身的全面解放——而不仅仅是视觉美学。审美价值与时代潮流、审美习惯、社会审美趋势等密切相关。

4. 生态价值

生态价值主要专注的是人造物对于满足人和社会需要的能力的全面的考虑，它表示人与自然关系中环境状况和自然资源对人类生存和发展的意义，如设计领域的20世纪60年代以来的绿色设计或生态设计的兴起就是源于人类对于生态价值的深刻理解和反思。

5. 伦理价值

设计需超越个人主义、经济利益和技术至上的价值追求，而应面向大众，考虑人类环境资源的可持续发展。设计师不仅需要对委托方负责，而且也需要对人类的生存发展尽心尽力[14]。在设计研发的各个阶段，从制造方式至消费方式，都要为创造一个简洁理性的生活方式提供支持。

6. 经济价值

主要指设计主体所从事设计活动的目标实现不可避免地要受到委托方提出的经济方面的制约和导向，甚至设计，尤其是纯粹的商业性设计的唯一目的就是追逐经济利益的最大化。因此，这对于设计概念产生至产品完成过程中的材料、色彩、功能、结构和包装等各个环节都会有严格的限制。

7. 体验价值

体验价值是个范畴非常广泛的概念。信息时代设计关注点的战略转移：设计关注的重心将是人类个体独特的身心体验，体验价值因不同的设计类别差别较大，如一般的工业产品设计（如侧重操作性和安全性等）、消费娱乐产品设计（侧重如娱乐性和自适应性等）、新媒体艺术设计（强调如沉浸性和时间性等）和网站设计（关注如导航和简洁性等）等。

当然，上述价值虽具有不同的侧重点，但是在任何一个设计中，大都是各种价值都有所体现，只是因具体设计的不同致使关注的重点有所不同而已。由于价值受时间和空间等因素的影响，某个国家、企业、设计师团队或个人应能顺应时代潮流发展趋势，实时演绎设计价值内涵。设计价值各具相对的独立性，同时相互之间又是某一价值体系的相互作用的组成部分。而且，设计价值之间并非绝对的独立关系，很多时候

⑭ 周博：《维克多·帕帕奈克论设计伦理与设计的责任》，《设计艺术研究》，2011年第2期，第108-114页。

具有重叠、包含和兼容的部分。如梅赛德斯奔驰的设计价值观念具有不同部分组合形成：一是传统延续下的价值，包括安全、优质、舒适和可靠等；二是现今时代性的价值，不同的车型（标准型、豪华型、运动型）会体现不同的个性特征；三是社会性价值，设计需要满足不同阶层的消费需要。

5.2.2 案例：手机购物个性化解决方案

数字技术扩充了人们所感知世界的范围，通常人的感知都具有一定的阈限，而数字技术增强了人们的感官能力。以前神话世界里的“千里眼”和“顺风耳”早已变成了现实，计算技术和网络技术支持的各种终端产品可以跨越传统的时空观念和线性叙事的逻辑，实现信息的无疆界传播、交流、生产和消费。爱购（IGO）是探索在信息社会背景下，利用便携智能终端辅助人们进行购物模式的一个设计课题（清华大学美术学院信息艺术设计系与诺基亚中国研究院合作课题）。智能手机不再仅仅是实现人与人之间交流的通信工具，它同时又是一个娱乐性终端，人们可以听音乐、看电影和玩游戏等，而且它也具有相机等其他类产品的某些功能，因此，手机对不同的用户群体具有非常广泛的价值表现。这种价值的实现不仅仅是依赖于手机主要功能的发挥，而且对于拥有手机本身也会具有某种特定的意义。例如，苹果手机的拥有者似乎具有一种与众不同的优越感和极强的群体归属感，这中特征比其他类型得产品表现得更加突出。所以，手机成了一个平台，在以信息消费为主体的社会里，基于手机平台的APP应用决定了手机将扮演何种角色和具有何种价值。某一设计小组基于田野调研，发现将智能手机应用于辅助购物具有较大的潜在市场，其能够增强购物乐趣，提高购物效率和激发购物欲望。该应用设计的基本功能包括：便于查询商品信息、即时推送商家信息、便捷的购物支付、管理购物记录和智能代购试穿等（图5-10、图5-11）。其

图 5-10 爱购——商品名片

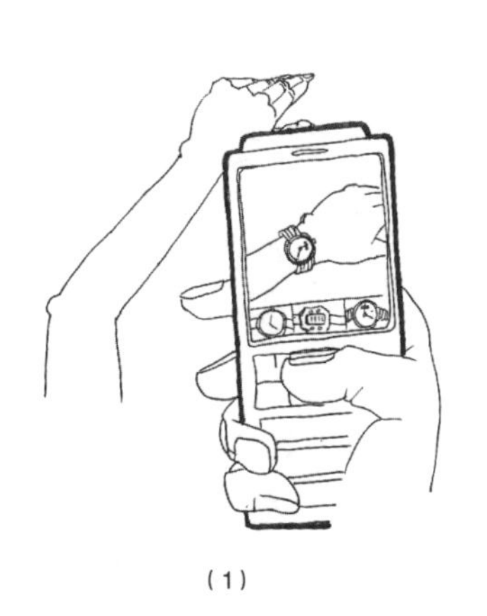

(1)

(2)

(3)

图 5-11　爱购——虚拟试穿

整个系统的设计借鉴了传统的网上购物模式，增加了基于位置的服务方式[15]，可以实现GPS购物导航。该应用能够将收集到的不同传媒中的同一商品的信息汇总形成商品名片，从而为用户提供一个比较完整的商品信息参照。随后，用户可以对该商品进行购买等活动，若在实体店中遇到该商品，有关的商家活动和商品折扣等就会推送给用户。该应用告别了纸质地图和诸多的会员卡提供服务的方式，消费者可以直接通过GPS查询去往目标店铺的位置及其路线，并可直接使用手机电子优惠券和会员卡。

另外，该应用还有一个重要的设计点是虚拟试穿，该虚拟试穿具有三个基本方法，一是通过手机摄像头将虚拟空间的数字产品在真实的物理空间试穿，如图5-11中（1）图所示；二是基于图像的虚拟空间的产品试穿，如图5-11中（2）图所示；三是基于大屏幕的虚拟试穿镜，如图5-11中（3）图所示，可以实现远程通信。试穿功能不仅能使消费者的购物行为变得便捷高效，而且还为消费者的代购行为提供了便利。

⑮ 基于位置的服务（Location Based Services，缩写LBS）是指通过电信移动运营商的无线电通信网络或外部定位方式，获取移动终端用户的地理位置信息，在地理信息系统（Geographic Information System，缩写GIS）平台的支持下，为用户提供基于该地理位置的某特定服务。国内基于位置的服务模式包括：LBS+休闲娱乐的签到模式、LBS+生活服务与分享模式、LBS+户外旅游的社交分享模式和LBS+休闲游戏的模式。参考《LBS：是工具而非模式》，《创投时报》，http://www.ctsbw.com/research/2013/0623/ 2189.html。

5.3　自助公共自行车租用服务设计

我国自行车的历史比较久，印象比较深刻的是带横梁的举架比较大的永久牌自行车，20世纪80年代的时候，在农村能有辆自行车还是一件非常值得炫耀的事情。自行车有男式和女式之分，经过近三四十年的发展，传统的自行车慢慢地被摩托车和汽车取代。由于国家交通政策制约，现在比较流行的是电动自行车，传统的自行车大部分只是在学校里得以留用。2008年北京奥运会结束后，一次北京出行，在五道口附近发现有自行车可以出租使用，可能其主要面向的是外来旅游的人群。根据自行车的新旧等状况收取不同的押金，最后按照自行车的使用时间来收取适当费用。开始，以为这是地方政府所采取的措施，但感觉好像是个人经营。当时，由于不同的办事地点相隔距离不太适合坐出租车，出租车不是很灵活而且不易找到，因此，就租了一辆。非常方便的是，用完后不需要为还车而回到原始租用点，属于同一家的租用点在学校的三个不同方向的大门口都有，可以就近还车。虽然我个人对于学校附近比较了解，在租车和还车方面相对来说比较容易，但心里还是觉得不太踏实，于是就记了出租车人的电话，以便就各种情况能够随时沟通。这个经历也促使我思考了很多服务设计方面的问题，也在多个场合跟他人讨论过，但都是一些随兴的交流。

后来，在杭州游览西湖时，发现路边不时会有一些设计颇为完善的自行车厅，从自行车至整个厅的设计非常规范，当时比较感兴趣，心想要是有一辆单车绕西湖转转应该是件惬意的事情，于是就去咨询厅里的服务人员（关键地理位置会常设）。60分钟内免费使用，3小时内收费不超过3元，询问得知这个自助公共自行车租用服务需要凭市民卡和IC卡等办理。过后跟本市的朋友谈到这件事情，大家说这个服务虽然有诸多细节不是很完善，但是整个服务观念非常好，适合杭州市发展环保城市的定位、目标和状况。整个服务主要包括租车和还车两个环节：（1）租车，在公共自行车的锁止器的刷卡区刷卡，绿灯亮，听到"嘀"声，表明锁止器开启，租车人及时将车取出，用户卡账户自动扣除200元作为信用保证金。（2）将自行车推入锁止器，绿灯闪亮，在刷卡区刷卡，绿灯停，听到"嘀"声，表明已锁止；刷卡时系统完成计费结算，退还信用保证金。在租车过程中，应保证个人卡内金额能够支付费用，系统会记录比较租用过程中自行车破损等状况，其所产生的损失由租用者承担。这个基于"通租通还、联网服务、随用随租、信用保证、限时免费、超时计费"理念的公共自行车租用服务系统设计在整个架构上比较庞大，它以自行车为核心关联了诸多的硬件设施和软件系统。但限于中国国情，在实际执行上还是有所不足，如因还车位已满给市民造成的还车困难和额外费用等麻烦、自行车损坏监督和赔偿问题，以及借车还车过程的安全性和易用性问题等，依赖工作人员通过手持POS机辅助人们完成租车和还车并非解决问题的主要方法，同时，还存在自行车租用普及问题、自行车租用运营问题等。

实际上，在英国伦敦、法国巴黎和丹麦哥本哈根等城市都有相应的公共自行车租用服务，有诸多优点可供借鉴，如自行车道路设置、租用点分布和租用方式等。其中比较好的案例就是英国伦敦巴克莱自行车租用计划（Barclays Cycle Hire）（图5-12），这个服务旨在满足人们短程旅行的需要，倡导一种环保和健康的出行方式[16]。

2010年英国伦敦市开始推行巴克莱自行车租用计划，约有8000多辆自行车分布在伦敦市的550多个租用点，租用点之间相隔约300~500米，向市民和游客提供全

⑯ 巴克莱自行车租用计划（Barclays Cycle Hire），http://www.tfl.gov.uk/roadusers/cycling/14808.aspx。

图5-12 巴克莱自助公共自行车租用

图 5-13 自行车租用点实时状况

天24小时的租用服务，这个计划主要是面向短途旅行的自助式自行车租用服务，30分钟内免费，2小时内最高费用为6英镑，违规持车超过24小时需支付150英镑，对于损坏或不归还自行车的可能需要付款300英镑，这些状况可能反映了英国对于不遵守社会或交通规范的状况严惩的态度。当然，这个服务系统设计本身已经是尽可能在避免这些令人扫兴的情况的发生，如对于租用点是否有可租用的自行车和停车位，这些信息是实时更新的，用户可以随时登陆伦敦交通网查询，或使用智能手机应用软件进行查询，从而为用户租车和还车提供了及时的信息支持，类似这些信息是由国际服务供应商塞克公司通过各种数据采集技术获取和提供的。自行车、钥匙和存车处都分别装有无线射频技术支持的电子标签与序列号来加以识别，因此，整个自助式自行车租用系统的各个部分之间实现了互联，能够非常便捷地确定任何一个租用点的自行车的租用和还车状况、租车时间长短、自行车分布格局、租车终端与付费设备的状况和自行车有无故障等（图5-13）。通过安装在街道上的设备获取的这些数据能够非常准确地反映用户租用自行车的状况，方便系统提供及时有效的服务和反馈。

巴克莱自助自行车租用服务面向用户使用主要由租车、骑车和还车三个基本环节构成：①用户在自行车租用点通过操作触摸屏进行租车，租用的每辆自行车都有单独的租用密码，可同时租用4辆自行车，但对租用（18岁）和骑车（14岁）的年龄有所限制。②用户自行选择车况良好的自行车，将租用密码输入存车位的键盘，绿灯亮起就可将自行车取出，用户可以根据个人情况自行调节车座高度。如若自行车存在故障无法骑行，需还车，5分钟后才能重新租用其他自行车。③还车时，只需将自行车推入空闲车位，绿灯亮起即可，若无空闲车位，可在智能终端上申请额外15分钟的免费租用时间，通过查询最近租车点的空存状况选择合适的还车处。如果经常租用自行车，可以申请相对优惠的会员，从而获得一把钥匙（附有电子标签芯片RFID），简便租用和还车流程。巴克莱自助自行车租用计划凭借其先进的计算机网络通信技术，将自行车、智能终端、租还车操控端、智能手机和钥匙等整合在一起，为人们提供了便利的短程旅行服务（图5-14）。但是，其在某些方面也存在不足，如若一个人使用借记卡租用4辆自行车，他需要重复操作借记卡4次，而不是一次就能完成4辆车的租用。

面向某一社会服务的系统将各种不同的媒体整合在一起，形成了一个社会媒体生态系统，这个系统具有对主体价值观的包容性和跨媒体的信息连通性，以及关联主体的平等性和共享性等特征。社会媒体的存在不是以其自身来评价的，而是取决于用

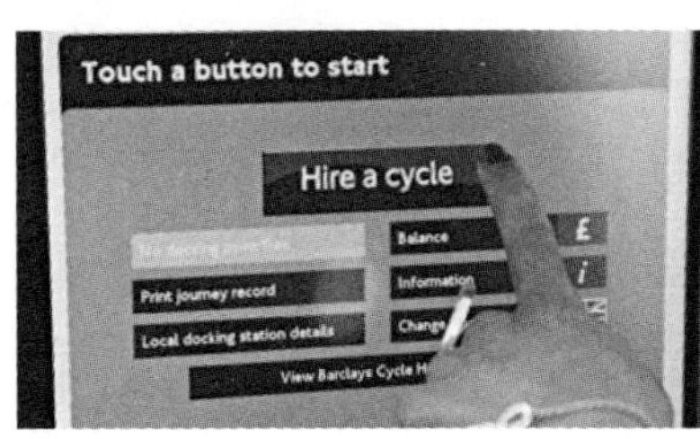

图 5–14 自助公共自行车租用过程（租车、取车和还车）

户、受众或参与者，设计师需要为他们构建一个舞台，这个舞台上究竟会上演何种剧目，是否会获得他们的认同，都取决于他们具有何种价值观：个性化定制是对人作为个体选择自由的认同，数字社区是对社会群体归属的认同，博客消除了等级性而实现了言论平等，App应用服务从某种程度上消除了信息焦虑，支持人们能够及时而准确地获取信息，产品或服务的全球化与本土化的融合是对文化的认同。认同意味着一种对于个体、群体或文化现实的包容和尊重，社会媒体最终要实现的就是对于这种价值的认同。

参考文献

[1] （美）安东尼奥·R. 达马西奥. 感受发生的一切：意识产生中的身体和情绪. 杨韶刚译. 北京：教育科学出版社，2007.

[2] （美）B·约瑟夫·派恩二世，詹姆斯·H·吉尔摩. 体验经济（第2版）. 夏业良，鲁炜等译. 北京：机械工业出版社，2008.

[3] 陈麒. 互动式空间——资讯空间与建筑空间的整合研究初探. 台湾成功大学建筑研究所硕士论文，2002.

[4] 陈晓伟. 论结构主义叙事学的发展及其对电影叙事学的影响. 济南大学学报. 2005，第15（4）：51-54.

[5] 傅小兰. 人机交互中的情感计算. 计算机世界，2004-05-24（B02）.

[6] 高兴. 设计伦理研究. 江南大学博士论文，2012.

[7] 国家标准GB/T 18574-2001 铁路客运服务标志，2001年12月17日发布，2002年5月1日实施。

[8] 黄海燕. 论公共空间标识导引设计的清晰性. 装饰，2009（1）：84-86.

[9] 黄海燕. 信息导引模式与设计研究. 清华大学文学博士学位论文，2009-07.

[10] 黄海燕，鲁晓波，焦锐. 产学研合作项目——中国风格图案设计案例分析. 创新+设计+管理：2009清华国际设计管理大会论文集，2009：26-37.

[11] 黄海燕. 从中美硕士课程设置看设计创新思维的培养. 装饰，2012（7）：98-99.

[12]（德）加达默尔. 真理与方法. 洪汉鼎译. 上海译文出版社，2004.

[13]（美）Jenifer Tidwell. Designing Interfaces: Patterns for Effective Interaction Design. De Dream'译. 北京：电子工业出版社，2008.

[14]（美）Jennifer Preece，Yvonne Togers and Helen Sharp. 交互设计——超越人机交互. 刘晓晖等译. 北京：电子工业出版社，2003.

[15] 蒋益清. 互动建筑理论与实践研究. 天津大学硕士论文，2012.

[16]（美）库帕（Alan Cooper）. 交互设计之路：让高科技产品回归人性. 丁全钢等译. 北京：电子工业出版社，2006.

[17]（美）L. A. 怀特. 文化的科学——人类与文明的研究. 沈原，黄克克，黄玲伊译. 济南：山东人民出版社，1988.

[18]（美）拉斯基. 人本界面——交互式系统设计. 史元春译. 北京：机械工业出版社，2011.

[19] 李世国. 体验与挑战——产品交互设计. 南京：江苏美术出版社，2008.

[20] 李欣睿. 行为性导向的产品隐喻交互. 浙江大学硕士论文，2011-06.

[21] 凌继尧，徐恒醇. 艺术设计学. 上海人民出版社，2000.
[22] 柳冠中. 事理学论纲. 长沙：中南大学出版社，2006.
[23] 刘积源. 无信息的规则——结构主义叙事学. 甘肃联合大学学报（社会科学版），2006-01，22（1）：39-43.
[24] 刘佳. 人类学与现代产品设计研究. 艺术百家，2005（6）：134-137.
[25] 刘月林，李虹. 基于概念隐喻理论的交互界面设计. 包装工程，2012（22）：17-19.
[26] 刘月林. 关于设计的三个取向：以苹果设计为案例. 设计艺术，2010（5）：17-18.
[27] 刘月林. 信息艺术设计语言：动态交互形式研究. 清华大学博士论文，2011.
[28] 鲁晓波. 飞越之线——信息艺术设计的定位与社会功用. 文艺研究，2005（10）：122-126.
[29] 鲁晓波. 回顾与展望：信息艺术设计专业发展. 装饰，2010（1）：30-33.
[30] 鲁晓波. 价值、体验与设计创新. 深圳大学学报（人文社会科学版），2010（2）：152-153.
[31] 鲁晓波. 信息设计中的交互设计方法. 科技导报，2007（13）：18.
[32] 鲁晓波，黄石. 新媒体艺术——科学与艺术的融合. 科技导报，2007，25（13）：30-33.
[33] 鲁晓波，刘月林. 具身交互：基于日常技能而设计. 装饰，2013（3）：96-97.
[34] 鲁晓波，刘月林. 实物用户界面在交互展呈中的应用. 科技导报，2011（4）：44-47.
[35] 路甬祥. 创新中国设计　创造美好未来. 人民日报，2012-01-04：14.
[36]（丹）罗尔夫·詹森. 梦想社会：为产品赋予情感价值. 王茵茵译. 辽宁：东北财经大学出版社，2003.
[37] 罗纲. 叙事学导论. 昆明：云南人民出版社，1994.
[38]（英）M.W.艾森克、M.T.基恩. 认知心理学（第四版）. 高定国，肖晓云译. 上海：华东师范大学出版社，2004.
[39]（美）迈克尔·A·福克斯. 互动建筑将改变一切. 陈曦译. 装饰，2010（3）：44-51.
[40] 孟伟. 从交互认知走向交互哲学——以加拉格尔关于现象学与涉身认知的探索为例. 自然辩证法研究，2011（6）：25-29.
[41]（瑞士）Niggli. 工业产品造型设计. 霍颖楠译. 北京：中国青年出版社，2005.
[42]（美）派恩·B·约瑟夫，吉尔摩·詹姆斯·H . 体验经济. 夏业良，鲁炜译. 北京：机械工业出版社，2002.
[43] 马费成等. 信息管理学基础. 武汉大学出版社，2002.
[44]（加）马歇尔·麦克卢汉. 理解媒介——论人的延伸. 何道宽译. 北京：商务印书馆，2004.
[45]（美）尼古拉·尼葛洛庞帝. 数字化生存. 胡泳，范海燕译. 海口：海南出版

社，2000.
[46] 邱浩修．交互式建筑的实虚共构设计策略．世界建筑，2011 (2)：134-137.
[47]（法）热拉尔 · 热奈特．叙事话语．王文融译．北京：中国社会科学出版社，1990.
[48]（美）Richard Saul Wurman．信息饥渴——信息选取、表达与透析．李胜银等译．北京：电子工业出版社，2001.
[49]（荷）斯丹法诺 · 马扎诺．设计创造价值——飞利浦设计思想．蔡军，宋煜，徐海生译．北京：北京理工大学出版社，2002.
[50] 孙为．交互式媒体叙事研究．南京艺术学院数字媒体艺术博士学位论文，2011-05.
[51] 孙正国．媒介形态与故事建构．上海大学博士学位论文，2008-09.
[52]（美）唐纳德 · A · 诺曼．情感化设计．付秋芳，程进三译．北京：电子工业出版社，2005.
[53]（美）唐纳德 · A · 诺曼．设计心理学．梅琼译．北京：中信出版社，2003.
[54] 王雨田．控制论、信息论、系统科学与哲学，北京：中国人民大学出版社，1986.
[55] 魏宏森．系统科学方法论导论．北京：人民出版社，1983.
[56] 未来社交媒体10大趋势．中国传媒科技，2011 (7)：20-21.
[57]（美）威廉 · J · 米切尔．伊托邦——数字时代的城市生活．吴启迪，乔非，俞晓译，上海科技教育出版社，2005.
[58] 翁律纲．由交互行为引导的用户体验研究．江南大学硕士论文，2009-08.
[59] 吴红英．王昌龄的诗歌意境理论初探．重庆师院学报（哲学社会科学版），1993 (1)：83-87.
[60] 吴琼．情境构建的设计方法．创新设计管理：2009清华国际设计管理大会论文集，北京：清华大学美术学院工业设计系，2009：204-206.
[61] 杨茂林．从“第六感”看人机交互的发展方向．装饰，2013 (3)：102-103.
[62] 杨孝文．科学家发现“第六感”．北京科技报，2013-02-25，007.
[63] 姚屏，杨永．约束法则下易用性设计的实现．包装工程，2004 (6)：124-125.
[64] 游飞．电影叙事结构：线性与逻辑．北京电影学院学报，2010 (2)：75-81.
[65] 余为群．从谨言、瘖哑、饶舌到互动——信息时代建筑的表情和语境．艺术百家，2009 (4)：33-38.
[66] 袁瑛瑛，黄海燕．从用户情感需求出发的社交网络服务设计方法．包装与设计，2012 (6)：104-105.
[67]（荷兰）约斯 · 德 · 穆尔．从叙事的到超媒体的同一性．学术月刊，2006，38 (5)：29-36.
[68] 张烈．以虚拟体验为导向的信息设计方法研究．清华大学博士论文，2008.
[69] 周博．维克多 · 帕帕奈克论设计伦理与设计的责任．设计艺术研究，2011 (2)：108-114.

[70] Abrams, Janet and Peter Hall, eds (2006), Else/Where: Mapping New Cartographies of Networks and Territories, Minnesota: University of Minnesota Design Institute.

[71] Alben, Lauralee (1996), “Quality of Experience: Defining the Criteria for Effective Interaction Design” , Interactions, Vol.3, No.3, 11–15.

[72] Arthur, Paul and Romedi Passini (1992), Wayfinding: People, Sign, and Architecture, Ontario: McGraw–Hill Ryerson.

[73] Calori, Chris (2007), Signage and Wayfinding Design, Hoboken, New Jersey: John Wiley & Sons, Inc.

[74] Chatman, Seymour (1980), Story and Discourse: Narrative Structure in Fiction and Film, Ithaca, New York: Cornell University Press.

[75] Choi, Ji–Sook and Yoshitsugu Morita (2005), “The Distribution of Signs and Pedestrians’ Walking Behaviors in Underground Space—A Case Study of the Underground Shopping Center in Taegon, Korea,” Journal of PHYSIOLOGICAL ANTHROPOLOGY and Applied Human Science, Vol. 24, 117–121.

[76] D, Vyas and van der Veer G (2005), “APEC: A Framework for Designing Experience” . Position paper (2) for Workshop – “Spaces, Places & Experience in HCI” at Interact–2005, Italy.

[77] Dervin, Brenda (2000), “Chaos, Order, and Sense–Making: A Proposed Theory for Information Design,” in Robert Jacobson, ed. Information Design, Cambridge, MA: The MIT Press.

[78] Desmet, Pieter (2005), “Measuring Emotion: Development and Application of an Instrument to Measure Emotional Responses to Products,” in M.A. Blythe, A.F. Monk, K. Overbeeke, & P.C. Wright, eds. Funology: from usability to enjoyment, Dordrecht: Kluwer Academic Publishers, 111–123.

[79] Desmet, Pieter and Paul Hekkert (2007), “Framework of product experience,” International Journal of Design, Vol.1, No.1, 57–66.

[80] Dodge, Martin and Rob Kitchin (2001), Atlas of Cyberspace, London: Addison–Wesley Pearson Education Ltd.

[81] Dourish, Paul (2001), Where the Action is: The Foundations of Embodied Interaction, Cambridge, MA: MIT Press.

[82] Dourish, Paul (2004), “What We Talk about When We Talk about Context,” Personal Ubiquitous Comput, vol.8, No.1 ,19–30.

[83] Forlizzi, Jodi (2008). “The Product Ecology: Understanding Social Product Use and Supporting Design Culture,” International Journal of Design, Vol.2, No.1, 11–20.

[84] Forlizzi, Jodi and Shannon Ford (2000), "The Building Blocks of Experience: An Early Framework for Interaction Designers," In Proceedings of the DIS 2000 seminar, Communications of the ACM, 419-423.

[85] Fox, Michael and Miles Kemp (2009), Interactive Architecture, New York, USA: Princeton Architectural Press.

[86] Frijda, Nico H. (1986), The Emotions, Cambridge, UK: Cambridge University Press.

[87] Fry, Benjamin Jotham (2004)," Computational Information Design," Ph.D.diss., MIT.

[88] Govers, Pascalle C. M. and Ruth Mugge (2004), "' I Love My Jeep, Because Its Tough Like Me' : The Effect of Product -Personality Congruence on Product Attachment," in Proceedings of the Fourth International Conference on Design and Emotion, Ed. Aren Kurtgözü, Ankara, Turkey.

[89] Hallnäs, Lars and Johan Redström (2001), "Slow Technology - Designing for Reflection," Personal Ubiquitous Comput, vol.5, No.3, 201-212.

[90] Horn, Robert E. (2000), "Information Design: Emergence of a New Profession," in Robert Jacobson, ed. Information Design, Massachusetts: The MIT Press.

[91] Jenny, Bernhard et al. (2008), "Map design for the Internet," in Michael P. Peterson ed., International Perspectives on Maps and the Internet, Berlin Heidelberg: Springer.

[92] Lankow, Jason, et al., (2012), Infographics: The Power of Visual Storytelling, Hoboken, New Jersey: John Wiley & Sons, Inc.

[93] LeFever, Lee (2012), The Art of Explanation: Making your Ideas, Products, and Services Easier to Understand, Hoboken, New Jersey: John Wiley & Sons, Inc.

[94] Löwgren, Jonas (2007), "Fluency as an experiential quality in augmented spaces," International Journal of Design, Vol.1, No.3, 1-10.

[95] Mijksenaar, Paul (1997), Visual Function, New York: Princeton Architectural Press.

[96] Mistry, Pranav and Pattie Maes, SixthSense: A Wearable Gestural Interface. In ACM SIGGRAPH ASIA 2009 Sketches (SIGGRAPH ASIA '09). ACM, New York, NY, USA, 2009.

[97] Moggridge, Bill (2007), Designing Interactions, Massachusetts: The MIT Press.

[98] Moggridge, Bill (2008), "Innovation through Design," Paper presented at the International Design Culture Conference-Creativeness by Integration, Korea.

[99] Monmonier, Mark (1996), How to Lie with Maps, Chicago and London: The University of Chicago Press.

[100] Mugge, Ruth, Hendrik N. J. Schifferstein, and Jan P. L. Schoormans (2010), "Product attachment and satisfaction: Understanding consumers' post-purchase behavior," Journal of Consumer Marketing, Vol.27, No.3, 271-282.

[101] Nathan Shedroff (2000), "Information Interaction Design: A Unified Field Theory of Design," in Robert Jacobson, ed. Information Design, Massachusetts: The MIT Press.

[102] Passini, Romedi (2000), "Sign-Posting Information Design," in Robert Jacobson, ed. Information Design, Massachusetts: The MIT Press.

[103] Pine, II, B. Joseph. Gilmore, James H (1998), "Welcome to the experience economy" , Harvard Business Review, Vol. 76, No.4, 97-105.

[104] Russell, James A. (1980), "A Circumplex Model of Affect," Journal of Personality and Social Psychology, Vol.39, No.6,1161-1178.

[105] Saffer, Dan (2006), Designing for Interaction, Berkeley, CA: New Riders.

[106] Tufte, Edward R. (1990), Envisioning Information, Cheshire, Connecticut: Graphics Press LLC.

[107] Tufte, Edward R. (2001), The Visual Display of Quantitative Information, Cheshire: Graphics Press LLC.

[108] Van Campenhout, Lukas Desmond Elias, et al. (2012), "Hard cash in a dematerialized world," Proceedings paper: Proceedings of the 14th International Conference on Engineering & Product Design Education (E&PDE), Antwerp, Belgium, Glasgow: the Design Society, 121-126.

[109] Van Campenhout, Lukas, et al. (2013), "Physical Interaction in a Dematerialized World," International Journal of Design, Vol.7, No.1, 1-18.

[110] Weiser, Mark (1991), "The computer for the 21st century," Scientific American, Vol.265, No.3, 94 - 104.

[111] Whitehouse, Roger (2000), "The Uniqueness of Individual Perception" , in Robert Jacobson, ed. Information Design, Massachusetts: The MIT Press.

[112] http://vimeo.com/11372358
[113] http://v.youku.com/v_show/id_XMjc2ODg2NDA0.html
[114] http://www.nike.com/cdp/fuelband/us/en_us/
[115] http://en.wikipedia.org/wiki/Digital_media
[116] http://en.wikipedia.org/wiki/Smith_chart
[117] http://data.163.com/12/0516/06/81JSNF0900014MTN.html
[118] http://www.massport.com/business/pdf/vol1/c_vol1_overview.pdf
[119] http://www.massport.com/business/pdf/vol1/c_vol1
[120] http://www.usbr.gov/pmts/planning/signguide2006.pdf
[121] http://www.electromark.com/help/Signs/big_letters.asp
[122] http://ergo.human.cornell.edu/AHProjects/Library/librarysigns.pdf
[123] http://ntlsearch.bts.gov/tris/record/tris/00974224.html
[124] http://www.cartype.com/pages/330/clearview
[125] http://www.media.mit.edu/gnl/projects/storymat/
[126] http://www.cs.umd.edu/hcil/kiddesign/storyrooms.shtml
[127] https://vimeo.com/61973470
[128] http://v.youku.com/v_show/id_XNjA0NDg1MDAw.html
[129] https://vimeo.com/61976687
[130] http://v.youku.com/v_show/id_XNjA0NDU5MDI0.html
[131] https://vimeo.com/65298666
[132] http://v.youku.com/v_show/id_XNjA0NDc0ODUy.html

图表资料来源

图1-1 Pennant历史棒球信息应用程序，http://www.vargatron.com/interactive/pennant/

图1-2 Nike+FuelBand，http://www.nike.com/cdp/fuelband/us/en_us/

图1-3 可穿戴手势界面（左图：手势取景拍照，中图：电话功能，右图：增强报纸），左图为视频截图：http://www.ted.com/talks/pranav_mistry_the_thrilling_potential_of_sixthsense_technology.html，中图和右图：http://www.pranavmistry.com/projects/sixthsense/

图1-4 理解的进阶图，Nathan Shedroff, "Information Interaction Design: A Unified Field Theory of Design," in Robert Jacobson, ed. Information Design, (Cambridge, Massachusetts: The MIT Press, 2000), p. 271.

表1-1 信息设计所涉及的媒体类别，黄海燕绘制，2013

图1-5 整合媒体的信息设计思路，黄海燕绘制，2013

图2-1 全球地表温度异常图，http://texasclimate.org/ClimateChange/GlobalTemperatureAnomalyJuly2009/tabid/1772/Default.aspx

图2-2 行业估值计算器，http://infographics.com/portfolio.php?item=INC-Bubble-I

图2-3 交谈地图, http://smg.media.mit.edu/papers/Donath/conversationMap/conversationMap.html

图2-4 最受中国消费者青睐的世界奢侈品及消费类别，设计者：温婷婷，设计指导：黄海燕，2012

图2-5 废旧汽车回收图表，http://killerinfographics.com/projects/recycling-your-car-benefits-facts

图2-6 Netflix公司DVD邮寄租赁流程，http://nigelholmes.com/graphic/netflix/

图2-7 拿破仑俄战统计图表，http://en.wikipedia.org/wiki/File:Minard.png

表2-1 Minard拿破仑俄战统计图表的信息维度与数据变量，黄海燕，2013

图2-8 厨房环境背景主色彩归类，焦瑞、黄海燕，2006

图2-9 基因重组技术及其应用领域，黄海燕，2008

图2-10 数据的组织结构，黄海燕：《信息导引模式与设计研究》，清华大学文学博士学位论文，2009年7月，第68页

表2-2 数据的组织结构和表现形式，黄海燕：《信息导引模式与设计研究》，清华大学文学博士学位论文，2009年7月，第68-70页

图2-11 基因树图，http://www.chforum.org/library/cities_dendrogram.gif

图2-12 圆锥树图，http://www.ifs.tuwien.ac.at/~mlanzenberger/teaching/ps/ws06/img/cam.jpg

图2-13 块状关系树图，http://eagereyes.org/media/2008/smartmoney.png

图2-14 史密斯图表，http://slkstn.com/data/images/2008/04/visual-smith-chart.png

图2-15 霍姆斯的图表设计，左图和中图：http://columnfivemedia.com/nigel-holmes-on-50-years-of-designing-infographics/，右图：Jason Lankow, Josh Ritchie and Ross Crooks, Infographics: The Power of Visual Storytelling, (Hoboken, New Jersey: John Wiley & Sons, Inc., 2012), p. 42.

图2-16 “理解”、“吸引”、“记忆”三个信息图表的设计目标，图表翻译自：Jason Lankow, Josh Ritchie and Ross Crooks, Infographics: The Power of Visual Storytelling, p. 38.

图2-17 颜色对比与易读性，黄海燕：《论公共空间标识导引设计的清晰性》，《装饰》，2009年第1期，第86页

图2-18 颜色对比结合信息等级、文字与图形大小，黄海燕，2013

图2-19 字体的易读性，黄海燕绘制，2013

图2-20 纸质地图和屏幕地图的最小区域可分辨尺寸（上：30厘米阅读距离下人眼可分辨纸质地图的最小区域，下：60厘米的观看距离下，一个像素比人眼可辨别的最小区域要大很多），图表翻译自 Bernhard Jenny et al., “Map Design for the Internet,” p. 37.

图2-21 设计师创意简历，左图：http://www.behance.net/gallery/Resume-2009/342356，右图：http://www.1stwebdesigner.com/inspiration/creative-resume-designs/

图2-22 Bertin 的图形变量分类排列：位置（中心）、形状（上左顺时针起）、大小、灰度、纹理、颜色、方向，Paul Mijksenaar, Visual Function, (New York: Princeton Architectural Press, 1997), p. 38.

图2-23 Bertin 的三个地图例子（左边是原始的社会统计数据图形，中和右两张图是两种不同的图形方法渲染相同量的数据），Paul Mijksenaar, Visual Function, (New York: Princeton Architectural Press, 1997), p. 39.

表2-3 平面设计师使用的变体，图表翻译自：Paul Mijksenaar, Visual Function, (New York: Princeton Architectural Press, 1997), p. 38.

图2-24 Yael Cohen的iPad应用程序设计Insect Definer，http://www.behance.net/gallery/Insect-Definer/8164527

表2-4 用 Bertin 的图形变量分析变量在类型、层级、数量上的描述差异，黄海燕：《信息导引模式与设计研究》，清华大学文学博士学位论文，2009年7月，第72页。

图2-25 用同一种字体设计的个人网站，http://www.rodbergcreative.com/

图2-26 东京铁路地图，http://www.lta.gov.sg/images/Tokyo%20rail%20map.jpg

图2-27 美国Whole Foods食品连锁超市排队区域的颜色指示牌和指示屏，http://itp.nyu.edu/~ek1669/blog/?p=135

图2-28 六种主要的地图视觉变量和三种符号变量，图表翻译自：Mark Monmonier, How to Lie with Maps, (Chicago and London: The University of Chicago Press, 1996), p. 20.

图2-29 美国单身图表，http://rawnumber.com/category/politics/federal/

图2-30 结合线符号和大小变量的统计图表（左图：欧洲地区局部图显示了欧洲大陆国家之间的因特网宽带情况，兆位每秒的容量决定了线条粗细比例，右图：地图描述了大于1亿分钟的洲际传输流量，圆圈表现了每个国家总共流出的传输分钟，各国的国际拨号代码用红色显示），http://www.telegeography.com/products/map_traffic/index.php

图2-31 伦敦地铁、老地图和公交车地图比较（左：1933年前的伦敦地铁地图，中：Henry Beck的伦敦地铁老地图，右：伦敦现行的公交车地图），按从左至右的顺序，图片来源分别是：http://britton.disted.camosun.bc.ca/beck_map.jpg；http://www.cs.bc.edu/%7Esyu/artvis/course/project/roadmap/old_map.jpg；http://www.tfl.gov.uk/gettingaround/9440.aspx

图2-32 波士顿地图，http://www.studyinboston.com/boston/transportation/

图2-33 让人上瘾的网站站点，http://infographics.com/portfolio.php?item=NLSN-Addictive

图2-34 2009美国联邦合同消费与相关机构媒体报道比较（左图为原图，右图为相关机构媒体报道中各种消费所占比例细节图），http://www.pitchinteractive.com/usbudget/

图2-35 北京南站换乘层功能分区图，清华美院中国高铁项目组，2007

图2-36 北京南站换乘层客流线路图，清华美院中国高铁项目组，2007

图2-37 客流量和决定点分析图，www.massport.com/business/pdf/vol1/c_vol1_overview.pdf

图2-38 北京南站整体立面图，清华美院中国高铁项目组，2007

图2-39 北京南站高架层布点立面图局部，清华美院中国高铁项目组，2007

图2-40 北京南站地下层布点平面图，清华美院中国高铁项目组，2007

图2-41 荷兰Schiphol机场的导引系统，黄海燕拍摄，2007

图2-42 标志牌的信息内容，清华美院北京南站中国高铁项目组，2007

表2-5 信息功能与信息等级的关系列表（以火车站为例），黄海燕：《论公共空间标识导引设计的清晰性》，《装饰》，2009年第1期，第86页

图2-43 信息层次在某航站楼标志牌的示例，图表翻译自：http://phoenix.gov/skyharborairport/about-sky-harbor/signage-standards-manual.html

图2-44 纽约肯尼迪机场标识系统，左图：http://www.flickr.com/photos/lukhnos/300219655/，中图：http://www.crainsnewyork.com/article/20130104/TRANSPORTATION/130109964，右图：http://www.shallotsandchalets.com/how-to-get-to-nyc-after-arrive-at-newark-airport/

图2-45 不同光线条件下行人和机动车驾驶者对标志牌的可视距离，图表翻译自：http://www.electromark.com/help/Signs/big_letters.asp

表2-6 不同光线条件下行人和机动车驾驶者的对标志牌的视距列表，黄海燕根据资料来源分析数据：http://www.electromark.com/help/Signs/big_letters.asp

表2-7 不同环境下的每英寸字高的可视距离列表，资料翻译自：http://ergo.human.cornell.edu/AHProjects/Library/librarysigns.pdf

图2-46 标志牌文字和空白区域的关系，图表翻译自：www.usscfoundation.org/USSCSignLegiRulesThumb.pdf

图2-47 图形标志设计方案，清华美院中国高铁项目组，2007

图2-48 文字和图形标志在版式布局中的效果，清华美院中国高铁项目组，2007

图2-49 标识设施的外观形式，www.massport.com/business/pdf/vol1/c_vol1_overview.pdf

图2-50 北京南站标志牌设施设计方案，清华美院北京南站中国高铁项目组，2007

图2-51 Voskresenskoe俱乐部酒店的健康娱乐中心标志和识别系统设计，http://www.behance.net/gallery/Wayfinding-and-identity-for-Voskresenskoe/8247675

表3-1 时间性媒体类别的叙事特征比较，黄海燕整理，2013

图3-1 叙事元素的组织结构，图表翻译自：Seymour Chatman, Story and Discourse: Narrative Structure in Fiction and Film, (Ithaca, New York: Cornell University Press, 1980), p. 19.

图3-2 文本叙事的线性结构，黄海燕绘制，2013

图3-3 影像叙事的线性结构，黄海燕绘制，2013

图3-4 影像叙事的非线性结构，黄海燕绘制，2013

图3-5 小恐龙阿贡漫画，http://dl1.07073.com/manhua/2010/11/04/17/121904306678846256.jpg

图3-6 蒙太奇叙事方法（左图：信息转换，右图：蒙太奇连接结构），黄海燕绘制，2010

图3-7 交互叙事的结构，黄海燕绘制，2013

图3-8 新媒体艺术Messa di Voce，http://www.youtube.com/watch?v=STRMcmj-gHc

图3-9 ChronoZoom：宇宙的数据可视化，http://www.chronozoomproject.org/#/t55

图3-10 “嘉年华水族馆”基于声音识别的交互手机游戏，http://toddvanderlin.

表4-1　体验概念描述，刘月林，2013

图4-8　苹果iPad Mini App应用，http://www.apple.com.cn/ipad-mini/from-the-app-store

图4-9　交互体验模型，刘月林根据Dhaval Vyas等绘制，2013

图4-10　情感的意义，刘月林根据达马西奥绘制，2013

图4-11　体验框架，Desmet，2007

图4-12　互动灯具设计，钱叶丹，2013

图4-13　多点触摸手势，http://gameplay 3. gestureworks. com

图4-14　物理世界 vs. 数字世界，刘月林根据Lukas Van Campenhout et al绘制，2013

图4-15　数字支付终端（左：卖家模式；右：买家模式），Lukas Van Campenhout et al

图4-16　数字支付终端使用过程，Lukas Van Campenhout, et al，2013

图5-1　茶园移动终端应用系统，王琛和李思琪，2013

图5-2　茶园移动终端应用程序，王琛和李思琪，2013

图5-3　社会媒体示意图，刘月林绘制，2013

图5-4　未来城市，http://www.audi-urban-future-award.com，2011

图5-5　iPod+iTunes 组合，http://www.apple.com

图5-6　社交网络媒体，袁瑛瑛，黄海燕：《从用户情感需求出发的社交网络服务设计方法》，《包装与设计》，2012年第6期，第105页

图5-7　《大手拉小手》社交网络服务设计创意，设计：袁瑛瑛，指导：黄海燕，2013

图5-8　Walk Score，http://www.walkscore.com/

图5-9　耐克的个性化定制服务（NIKEiD），http://www.nike.com/us/en_us/c/nikeid

表5-1　不同价值学说的描述，刘月林整理，2013

图5-10　爱购——商品名片，清华大学美术学院信息艺术设计系与诺基亚中国研究院合作项目，2009～2010

图5-11　爱购——虚拟试穿，清华大学美术学院信息艺术设计系与诺基亚中国研究院合作项目，2009～2010

图5-12　巴克莱自助公共自行车租用，http://www.tfl.gov.uk/roadusers/cycling/14808.aspx

图5-13　自行车租用点实时状况，http://www.tfl.gov.uk/roadusers/cycling/14808.aspx

图5-14　自助公共自行车租用过程（租车、取车和还车），http://www.tfl.gov.uk/roadusers/cycling/14808.aspx

图书在版编目（CIP）数据

整合媒体设计　数字媒体时代的信息设计／黄海燕，刘月林著．北京：中国建筑工业出版社，2016.1

ISBN 978-7-112-18743-0

Ⅰ．①整…　Ⅱ．①黄…　②刘…　Ⅲ．①数字技术－多媒体－设计－研究 Ⅳ．①TP37

中国版本图书馆CIP数据核字（2015）第278458号

责任编辑：李东禧　吴　绫

书籍设计：胡雪琴

责任校对：李欣慰　张　颖

整合媒体设计

数字媒体时代的信息设计

黄海燕　刘月林　著

*

中国建筑工业出版社出版、发行（北京西郊百万庄）

各地新华书店、建筑书店经销

北京锋尚制版有限公司制版

北京中科印刷有限公司印刷

*

开本：787×1092毫米　1/16　印张：8½　字数：196千字

2016年6月第一版　2016年6月第一次印刷

定价：48.00元

ISBN 978－7－112－18743－0

（28010）